ブレインサイエンス・レクチャー 1

匂いコミュニケーション

フェロモン受容の神経科学

市川眞澄・守屋敬子 著

徳野博信 編

共立出版

本シリーズの刊行にあたって

　脳科学とは，脳についての科学的研究とその成果としての知識の集積です．脳科学は，紆余曲折や国ごとの栄枯盛衰があったとはいえ，全世界的に見ると20世紀はじめから21世紀にかけて確実に，そして大いに進んできたといえるでしょう．さまざまな研究技術の絶えまない発展が，そのあゆみを強く後押ししてきました．また，研究の対象領域の広がりも進んでいます．人間や動物の営みのほぼすべてに脳がかかわっている以上，これも当然のことなのです．

　反面，著しい進歩にはマイナス面もあります．一個人で脳科学の現状の全体像を細かなところまで把握するのは，いまやとても難しいことになってしまっています．脳のあるひとつの場所についての専門家であっても，そのほかの脳の場所についてはほとんど何も知らないといったことも，それほど驚くべきことではありません．また，新たに脳について学ぼうとする人たちからの，どこから手をつければいいのかさっぱりわからない，という声も（いまにはじまったことではありませんが）よく理解できます．

　こういった声に応えることを目標として，今回のシリーズを企画しました．このシリーズは，脳科学の特定のテーマについての一連の単行本からなります．日本語訳すれば「脳科学講義」となりますが，あえてちょっとだけしゃれてみて「ブレインサイエンス・レクチャー」と名づけました．1冊ごとに興味深いテーマを選んで，ごく基本的なことから，いま実際に行われている先端の研究で明らかになっていることまで，広く紹介するような内容構成になっています．通して読むことによって，読者が得られるものは大きいであろうと期待しています．

　本シリーズの編集にあたっては，脳科学研究の最前線にたって多忙をきわめている研究者の方々に，たいへんな無理をいってご執筆いただきました．執筆

本シリーズの刊行にあたって

の依頼に際しては，できるだけ初心者にもわかりやすいように，そして大事な点については重複をいとわず，繰り返し書いていただくようにお願いしてあります．加えて，読みやすさとわかりやすさのために，できるだけ解説図を増やすことと，特に読者の関心を引きそうな点や注目すべき点についてはコラムなどで別に解説してもらうことも要請しました．さらに各章末では，Q&A 形式による著者との質疑応答も，内容に広がりをもたせるために企画してみました．

このシリーズによって脳の実際の「しくみ」と「はたらき」や，脳の研究の面白さが，読者の皆さんにわかっていただけるように願ってやみません．入門者や学生のみなさんにとっては，最先端研究の理解への近道として役立つことと思います．また，脳の研究者や研究を志している方々にとっても，自らの専門外の知識の整理になり，新しい研究へのヒントがどこかで必ず得られるものと信じています．

今回のシリーズ企画にあたっては共立出版の信沢孝一さんに，また実際の編集作業と Q&A 用の質問の作成については，同社の山内千尋さんにお世話になりました．たいへんありがとうございました．

東京都医学総合研究所　脳構造研究室長

徳野博信

まえがき

　フェロモンの研究にかかわって 30 年が経過しました．研究開始当初は野のものとも山のものともつかぬ"フェロモン"でしたが，フェロモンが引き起こすさまざまな現象（行動，記憶そしてホルモンとの協調作用など）に興味をもち，研究室の仲間と，また多くの研究者と共同でそのメカニズムの解明を目指してきました．その結果，いくつかのオリジナルな発見があり，多くの知識が集積されています．

　本書の執筆を依頼された際，編者より「『ブレインサイエンス・レクチャー』シリーズは，読者層を大学の学部生〜大学院生と考えている」と説明を受けました．そのため，読者は生物学の基礎を習得済みと想定して話を展開しています．本書は，専門分野を理解していただくための細かな解説風の部分と，当該研究分野に興味をもっていただくための読みもの的な部分，そして学術論文にはなかなか書けない筆者らの妄想（？）より成り立っています．本書をきっかけとして，多くの方が生物学に興味をもち，関連の研究分野に進んでいただけたら幸甚です．

　一昔前まで，生命科学系の基礎研究は小さな研究室の数名でコツコツ進める研究が主流でした．しかし，科学技術の発展や異分野間の相互理解の伸展によって，1 つの事実を突き止めるために多方面からのアプローチが必要となりました．大きな研究室を組織運営している一部の大学教授は別ですが，多くの研究室では単独で行う研究には限界があるため，共同研究と称して複数の研究者と連携してゴールを目指すことを頻繁に行います．本書の中にも，筆者らの共同研究者が頻繁に登場します．研究者生命を左右するのは，共同研究者にどのくらい恵まれるかにかかっているといっても過言ではありません．その点，我々は大変幸運だったと思います．しかし，本文の執筆を終え，このまえがきを書

まえがき

こうとしている矢先の 2014 年 9 月に，長年の共同研究者であった東京大学の森裕司先生が亡くなられました．20 年来の研究成果であるヤギのフェロモンを同定し，これからの発展が期待されていた矢先でした（詳細は本文参照）．この場を借りて，心から哀悼の意を表します．

最後に，本書執筆にあたり，多くのアドバイスをくださり，本文中にもご登場くださった(独)農業生物資源研究所の若林嘉浩博士に感謝いたします．また，執筆の機会を与えていただいた同僚の徳野博信先生，そして執筆に際して助言をいただいた共立出版編集部の信沢さん，山内さんに感謝いたします．

市川眞澄・守屋敬子

目次

第1章 はじめに　1

第2章 匂いによるコミュニケーション　13
- 2.1 動物の行動と匂いコミュニケーション　13
  - 2.1.1 ファーブル昆虫記　13
  - 2.1.2 動物行動の研究　14
  - 2.1.3 匂いと求愛行動　14
  - 2.1.4 パートナーとの絆　16
  - 2.1.5 母性行動　18
  - 2.1.6 父性行動　19
  - 2.1.7 なわばり（縄張り）行動　20
  - 2.1.8 社会順位制　21
  - 2.1.9 クーリッジ効果　22
  - 2.1.10 匂いとMHC　24
- 2.2 ヒトと匂いコミュニケーション　26
  - 2.2.1 ヒトの嗅覚　26
  - 2.2.2 文芸作品に描かれたヒトにおける匂いコミュニケーション　26
  - 2.2.3 寄宿舎効果　28
  - 2.2.4 赤ちゃんの匂い　29
  - 2.2.5 体　臭　30
  - 2.2.6 ヒトのMHC　32
  - 2.2.7 月経周期と匂い感受性　33

第3章　匂いコミュニケーションを司るフェロモン　37

- 3.1　フェロモン　37
- 3.2　リリーサーフェロモン　39
  - 3.2.1　性フェロモン　39
  - 3.2.2　攻撃フェロモンと匂いマーキング　42
  - 3.2.3　警報フェロモン　43
  - 3.2.4　母性フェロモン　44
- 3.3　プライマーフェロモン　45
  - 3.3.1　プライマーフェロモン効果　45
  - 3.3.2　ブルース効果　46
  - 3.3.3　雄効果　47
- 3.4　哺乳類以外の脊椎動物のフェロモン　49
  - 3.4.1　イモリのフェロモン　49
  - 3.4.2　キンギョのフェロモン　51
- 3.5　フェロモン作用機序の解明への展望　52

第4章　フェロモンを感じる機構　56

- 4.1　鼻腔の構造　56
- 4.2　匂い物質を受容する嗅粘膜　58
- 4.3　フェロモンを受容する『鋤鼻器』　60
- 4.4　嗅覚受容体と鋤鼻受容体　62
- 4.5　鋤鼻受容体がフェロモンを感じる仕組み　66
- 4.6　鋤鼻器から脳の一次中枢へ　69
  - 4.6.1　鋤鼻ニューロンから副嗅球への投射　69
  - 4.6.2　主嗅球の構造　70
  - 4.6.3　副嗅球の構造　75
- 4.7　嗅球に到達する新生ニューロン　78
- 4.8　嗅球のその先　80

第5章　主嗅覚系と鋤鼻系　85

第6章　ヒトのフェロモン　92

- 6.1　誤解されたフェロモン　92
- 6.2　ヒトのフェロモン候補物質　93
  - 6.2.1　ボメロフェリン　93
  - 6.2.2　アンドロステノン　94
  - 6.2.3　アンドロステノール　96
  - 6.2.4　低分子量脂肪酸　98
- 6.3　MHC　98
- 6.4　ヒトの鋤鼻器　101
- 6.5　ヒトのフェロモン作用機序　103
- 6.6　フェロモンを楽しむ　105

第7章　フェロモンを感じる神経系（鋤鼻系）研究の流れ　109

- 7.1　鋤鼻系は副嗅覚系？　109
- 7.2　フェロモンの記憶　110
- 7.3　鋤鼻器の系統発生学的研究　114
  - 7.3.1　系統学的研究発想のきっかけ　114
  - 7.3.2　さらに広がる系統発生学的研究　117

第8章　研究最前線——鋤鼻系の機能は何か　134

- 8.1　細胞レベルのフェロモン受容　135
  - 8.1.1　特定の鋤鼻受容体を発現した細胞を使用する　135
  - 8.1.2　初代培養神経細胞を利用する　137
  - 8.1.3　培養細胞での強制発現系を利用する　139
- 8.2　リガンド提示の工夫によるフェロモン研究　140
  - 8.2.1　麻酔下の動物個体をリガンドとして用いる　141
  - 8.2.2　金網1枚の工夫で不揮発性物質特定の足掛かりに　142
- 8.3　特色のある生物検定を利用したフェロモン物質探索　143
  - 8.3.1　仔ウサギの乳吸行動を指標とする　144
  - 8.3.2　雌ヤギの発情を指標とする　145

- 8.4 鋤鼻機能欠損から考えるフェロモン研究 ... 148
  - 8.4.1 鋤鼻ニューロン機能不全でも繁殖可能 ... 148
  - 8.4.2 鋤鼻ニューロン機能不全は『イクメン』？ ... 150
- 8.5 フェロモン情報はどこへ行く ... 151
  - 8.5.1 内側扁桃体で見られる性的二型性 ... 151
  - 8.5.2 GnRH ニューロンに入力する嗅覚情報は何か ... 155
  - 8.5.3 新たな役者『kisspeptin ニューロン』 ... 158
  - 8.5.4 視床下部と鋤鼻系 ... 159
  - 8.5.5 養育行動を制御するニューロン群 ... 162
  - 8.5.6 性行動と攻撃性の意外な関係 ... 164

第9章 おわりに　168

参考図書・引用文献　171

索　引　185

1 はじめに

　我々ヒトを含めた動物の特徴を一言で表現すると何でしょう？

　それは，"動く"物，と文字で表現されているとおり"動く"ということです．動物はいわずもがな"生物 (生きる物)"です．生きていくために動物は"動く"という生存戦略をとって，地球上の多様な環境に適応してきました．その戦略は信じられないほど多様性に富んでいます．動くことを可能にしたのは，植物にはない神経系の発達です．神経系は，それぞれの動物がそれぞれの環境で有利に生存できるよう進化してきました．動物の行動の多様性は，神経系の多様性といえます．そして神経系の多様性を生んだのは，感覚系の多様性であると考えられています．

　生存競争で優位に立つためには2つの方法があります．1つは，おかれた環境への適応を遂げることです．もう1つは，自分の特性に見合った環境下へ移動することです．いずれにしても，優位な立場を確保するためには，自己状態の把握と外環境の察知が重要になります．外環境とは，単に生活圏の気象条件や地理的条件のみではありません．獲物がいるか，外敵がいないか，繁殖相手はいるか，繁殖や捕食の競争相手に勝てるか，といった他の個体との関係も含まれます．外環境は自らの制御が及ばない分，正しく判断する必要があります．このために動物は感覚系を発達させてきました．感覚系とは，ヒトではいわゆる五感（視覚，聴覚，体性感覚，味覚，嗅覚）とよばれるものですが，

特有の感覚器をもっている動物も多くいます．ある動物の特性を知るためには，その感覚系を調べればわかるというほど，それぞれの動物で特徴のある感覚系を保持しています．しかし，その多様な感覚系を使っても最終的なアウトプットはただ1つ，動物とは，『感覚系を使って，繁殖可能な年齢まで生き延び，自分の子孫が優位に生きられそうな繁殖相手を選んで，繁殖するために動き回る生き物』なのです．

　哺乳類の場合，最も重要な感覚は嗅覚といえます．これは哺乳類の歴史からも推測できます．恐竜たちが栄えたジュラ紀から白亜紀に生息していた現世哺乳類の先祖は，外敵から逃れるため夜の世界への適応を果たし，夜行性という生存戦略をとりました．視界のきかない世界で，もっぱら聴覚，体性感覚，嗅覚を鋭敏にすることで生き残ってきたのです．恐竜が絶滅し，哺乳類が新たに昼の世界に進出すると，視覚が発達し，嗅覚の重要性は薄れてきました．しかし，長い間闇の中で捕食される恐怖と戦いながら繁殖相手を見つけてきた嗅覚系の神経回路は，しっかりと情動と結びついた形で保存されているのです．

　現代の人間社会において，嗅覚は比較的軽く見られがちな感覚です．しかし，意識せずとも私たちは日頃から嗅覚をかなり使っています．実は味覚と思っている感覚の多くは，嗅覚に依存していることが知られています．食べ物を口の中で咀嚼したときに発する喉から鼻へ抜ける匂い成分を感じとっているのです．何らかの障害で突然嗅覚を完全に失ってしまった人は，食事がとても味気なくなるといいます．鼻風邪をひいたときに食事がおいしく感じられなかったという経験のある方も多いでしょう．嗅覚障害になると，おいしいステーキを食べても段ボール紙をかじっているような気がするそうです．香り豊かな種々の果物もすべて同じに感じられるようでは食事も楽しくないでしょう．長期間嗅覚の障害が続くと生きる喜びを失ってしまう人も多いといいます．嗅覚はやはり情動に直結しているのです．

　では，人間自身が発する匂いについてはどうでしょうか．健康状態や個人の特定を嗅覚で行うことは，人間には難しいかもしれません．しかし，本来それはヒトが備えもっている嗅覚の機能です．生まれて間もない新生児は，母親の母乳パットと他人の母乳パットを嗅ぎ分けることができます．保育所で集団生活を送る乳幼児は，友達が身につける所有物（服やタオル）を匂いで当てられ

ると複数の保育士が証言しています．しかし大人になるにともない，持ちものに書かれている名前を見る，柄で判断する，というように視覚に頼るようになります．自分の健康状態についても，本当は体臭で感じとれる能力がありながら，多くの成人は健康診断の数値を見て健康状態を判断しているでしょう．そうして視覚ばかりに頼る結果，嗅覚を使わなくなっていくのです．

　嗅覚を軽視するのには社会的な背景もあります．高温多湿で人口密度の高い東京のような都市では，意識的に嗅覚遮断を迫られる場合があります．身動きできない満員電車を思い浮かべてください．隣の人が，前日焼き肉を食べたと思われるようなニンニク臭を放っていたらどうしますか？　匂いは呼吸の吸気とともに鼻に入ってきて，その場から逃げたくても逃げられません（少なくとも次の駅までは）．また，怒りにまかせて相手に暴力をふるうこともできませんので，意志の力で我慢するしかありません．逆に，前に立っている女性が香水とは違う，何ともかぐわしい匂いを放っていて情動を揺さぶられたらどうしますか？　本能のまま手を伸ばせば犯罪です．やはり意志の力で我慢するしかありません．また，物理的ではなく，社会的な理由で身動きがとれない場合もあります．大切なクライアントの体臭がかなり不快であっても，逃げるわけにはいかないでしょう（自分が客の立場だったら逃げるもアリです．その心情を利用して，消臭剤関連商品市場は順調に拡大しているようです）．現代は，円滑な社会生活を営むためにある程度の嗅覚遮断が必要な世の中といえるでしょう．逆にいうと，人間は意志の力で嗅覚から得た情報をコントロールしないと，情動や行動に直結してしまうということです．それによるトラブルを避けるため，ますます嗅覚は軽視されるのです．

　意志の力は，ヒトが人間である所以です．動物にはないか，あってもヒトよりずっと弱いものです．そのため動物は，より嗅覚の情報に依存して行動するといえます．個体間の認識やコミュニケーションには特に重要です．動物における匂いを使ったコミュニケーションを研究し，それにまつわる感覚器官やその神経回路を明らかにすることは，ヒトが潜在的にもつ匂いコミュニケーション能力の理解を深めることになるでしょう．

　本書では，おもに哺乳類における匂いコミュニケーションについて取り上げています．第2章では，匂いコミュニケーションによる動物行動のいくつかを

紹介します．匂いコミュニケーションには，動物から分泌された化学物質が使われます．これを"フェロモン"とよびます．そこで，第3章ではフェロモン物質について，続く第4章ではフェロモンを受容する機構について紹介し，第5章ではフェロモンを受容する神経系について述べます．この部分が本書の中核となるフェロモン受容の神経科学とよばれる内容となっています．第6章ではヒトにおけるフェロモンにまつわる話を取り上げます．そして第7章では，フェロモンの神経科学研究の流れ，最後に第8章では最前線の研究内容を紹介します．

神経科学

　神経系は，脳・脊髄の中枢神経系と，脳・脊髄神経（脳・脊髄から延びた神経線維）および自律神経の末梢神経系から成り立ちます．神経科学とは，この神経系の基礎となるニューロン（神経細胞）およびこれをサポートする細胞群に焦点を当て，総合的に研究を進めることを目的とした研究分野を意味します．語源は英語の Neuroscience（神経を意味する接頭語の Neuro と科学の Science です）で，1960 年代にこの分野の研究が増加し造語されました．神経科学の最大の特徴は，分子生物学，細胞生物学，生物物理学，解剖学，生理学，生化学，薬理学，心理学，行動学，工学や数学，さらには臨床医学までカバーする領域がきわめて広いことです．研究領域が広範なことから，各領域の密接な連携や統合が必要です．このような理念から，1969 年に米国で Society of Neuroscience（神経科学学会）が設立されました．毎年世界各国から 3 万人を超える研究者が参加する会になっています．日本でも，1974 年に日本神経科学会が設立され，活発に活動しています．

化学感覚（Chemical sense）

　感覚系のうち，化学物質の刺激を受ける感覚を化学感覚といいます．味の感覚である味覚と，匂いの感覚の嗅覚です．化学感覚は進化のうえで最も早くから備えられた感覚といわれています．ゾウリムシなど単細胞生物が，化学物質に対して離れたり近寄ったりする，いわゆる走化性を示すのは，細胞表面に化学物質を受容する機構があるからとされています．ただし，ゾウリムシは神経系がないことから化学物質を"感覚"しているかどうか疑問です．脊椎動物では，それぞれ専門の感覚器である味蕾を代表とする味

覚器と，鼻腔内にあり嗅粘膜とよばれる嗅覚器をもっています．

　日本味と匂学会という学会があり（http://jasts.com/），会員数 600 人ほどで活動しています．味と匂いに加えてさらに「食」という分類も加わり，学会等ではにぎわいを見せています．食は，味覚と嗅覚の共同作用のようです．米国にも AChems（Association for Chemoreception Sciences：化学受容科学学会），またヨーロッパにも ECRO（European Chemoreception Research Organization：欧州化学受容研究機構）があり，これら 3 学会が一緒になって 4 年に 1 度合同で会議を開催しています．最近は，中国，韓国の研究者が増えてきて，日本が中心となってアジアでの学会の開催を計画しています．

嗅　覚

　化学感覚のうち，匂いにかかわる感覚を嗅覚（きゅうかく）とよびます．化学物質が鼻腔に存在する嗅覚受容器で受容され，その情報が嗅覚系という感覚神経系を介して機能発現します．嗅覚系はおもに 2 つの系があります．主嗅覚系と鋤鼻系です．主嗅覚系は，受容器である嗅粘膜から嗅球，大脳辺縁系を経て大脳皮質にいたる系です．情報は大脳皮質に到達して匂いとして認識され，経験に応じて学習されます．鋤鼻系は鋤鼻器にはじまり，副嗅球，扁桃体内側部を経て，視床下部に到達します．そして内分泌系や自律神経系を制御します．情報が大脳皮質に到達しないのが特徴です．いわゆる本能的な行動を支配します．

　ヒトの場合，匂いの好き嫌いは経験や学習によるとされていますが，動物には本能的に嫌う匂いがあります．その代表は煙の匂いです．野生動物にとって煙は火事を知らせる信号です．焼死を免れるために素早く逃避しなければなりません．また，硫黄やアンモニアの匂いは，腐った食物から発散されるので口に入れる前に拒否します．匂いは餌を探し，危険から身を守る情報源になっています．さらに動物の同種・異種間のコミュニケーションにも役立っています．

　言語表現でも，「匂い」だけでなく「臭い」，「ニオイ」，「におい」といろいろで，「香り」とも表されます．「臭い」は「くさい」とも読まれ悪臭を意味することが多く，「匂い」と「香り」はよい意味の表現に使われる傾向があります．また「におい」は，文学の世界で「趣」，「気分」などの異なった意味で用いられることがあります．

ニューロン（神経細胞）

　生命体の最小単位は細胞です．神経系を構成する細胞のうち，情報の伝達に直接かかわる細胞をニューロン（神経細胞），それを補助し，間接的にかかわる細胞をグリア（神経膠細胞）とよびます．ニューロンとは，情報を受けとり，その情報を細胞内で別の信号に換えて，次のニューロン（またはその他の細胞）に情報を受け渡す細胞の総称です．ニューロンは種類によってさまざまな形態をしています．中枢神経系の一般的なニューロンは，図1.1aで示すように，円形の立体的な細胞体から情報を受けとる樹状突起と，情報を送る軸索を伸ばしています．それぞれのニューロンは機能に見合った形態をしているので，形態からその機能を推しはかることができます．たくさんの情報を集めるニューロンは，受けとり側の樹状突起が発達して分岐しています．一方，たくさんの情報を送るニューロンは，送る側の軸索が広範囲に伸展しています．軸索の終末は，他のニューロンの樹状突起と"**シナプス**"という構造を形成して情報の受け渡しを行います．このシナプスを経由した情報の流れを"**神経回路**"といいます．

　ニューロンが正常に機能するためにはグリアの機能が欠かせません．グリアにはアストロサイト，オリゴデンドロサイト，ミクログリアなどがあります．

　本書には中枢神経系のニューロンだけではなく，外界の刺激を感覚として受けとる末梢のニューロンが登場します．感覚受容を行う感覚受容細胞には，ニューロンの特性をもつ一次感覚受容細胞と，ニューロンではない二次感覚受容細胞があります．匂い受容を行う嗅細胞（本書ではニューロンとしての特性を強調するため嗅ニューロンと表記）や光受容を行う視細胞は軸索をもちます．これら一次感覚受容細胞は，ニューロンとしての特性と上皮細胞としての特性を両方持ちあわせた特殊なニューロンです．一方，内耳に存在して振動を感じる有毛細胞や舌にある味細胞は，上皮細胞由来で軸索はありません．近傍に伸展している末梢神経へ伝達物質を放出していますが，それら自身はニューロンではなく，二次感覚受容細胞に該当します（図1.1b）．

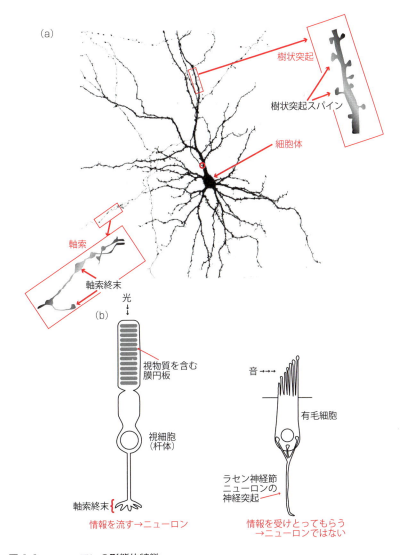

図1.1 ニューロンの形態的特徴

a：中枢神経系の一般的なニューロン．培養された錐体細胞の顕微鏡写真をもとに画像作成している．大きくて円形の細胞体，多数の樹状突起と軸索からなる．軸索は樹状突起より明らかに細い．樹状突起には"樹状突起スパイン"という棘のような構造物があり，軸索には"軸索終末"とよばれる膨らんだ構造物がある．丸印は軸索の起点部を示す．b：感覚受容細胞の模式図．網膜に存在する光受容細胞の1つである杆体細胞（左）と内耳に存在する有毛細胞（右）．軸索のある光受容細胞は，上皮細胞でありニューロンであるが，軸索のない有毛細胞は上皮細胞でありニューロンではない．

受容体

　"受容体"とは，何らかのシグナルとなるものを受けとるタンパク質の総称です．受容体には大きく分けて，細胞の内側ではたらく細胞内受容体と，細胞膜に存在し外側の情報を受けとる細胞表面受容体があります（図1.2）．受容体と特異的に結合する物質のことを"リガンド"とよびます．細胞内受容体のリガンドの多くは，ホルモンやその類似物質です．リガンドと結合した後に核へ移行することで遺伝子の発現制御を行うものが多いため，"核内受容体"ともよばれます．

　本書では，後者の"細胞表面受容体"をおもに扱います．この受容体は，細胞膜に存在する必要があるので，脂質二重膜に収まりやすい疎水性部分と，細胞内外に突出する親水性部分から構成されています．細胞膜を通過している部分を"膜貫通ドメイン（ドメインとはタンパク質の機能単位）"，細胞外の部分を"細胞外ドメイン"，細胞内の部分を"細胞内ドメイン"とよびます．

　細胞表面受容体はおもに3つの種類があります．イオンチャネル型受容体，酵素連結型受容体，Gタンパク質共役型受容体です（図1.2）．

　イオンチャネル型受容体は，いくつかの分子が集まってチャネル（特定の物質を通過させる孔）を形成し，リガンドを受容することで開口するものです．シナプスの後膜肥厚に大量に存在するグルタミン酸受容体などが代表的な例で，リガンド受容にともなって開口し，陽イオンを通過させます．

　酵素連結型受容体は，受容体自身の細胞内ドメインに酵素の触媒部位があり，リガンドの結合により酵素が活性化される，またはリガンドの結合によって酵素活性のあるタンパク質が直接結合するタイプの受容体です．インシュリン受容体などがこれに該当します．インシュリンを受容したインシュリン受容体は，自身のチロシンリン酸化酵素を活性化し，シグナルを伝えます．

　Gタンパク質共役型受容体は，Gタンパク質（第4章で詳細記述）とよばれる3量体のタンパク質と共役（結合や乖離をしながらともにはたらく）している受容体で，最も種類の多い受容体です．本書で頻出する嗅覚受容体，鋤鼻受容体のほか，光受容体や，さまざまな神経伝達物質の受容体などがあります．

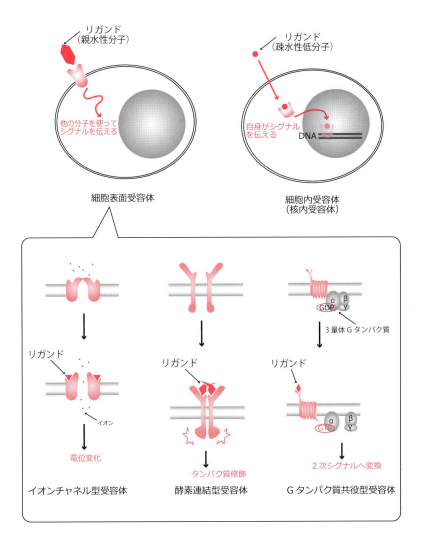

図 1.2 受容体の分類
上段:細胞表面受容体と細胞内受容体の略図. 下段:細胞表面受容体に分類されるイオンチャネル型受容体(左), 酵素連結型受容体(中央), Gタンパク質共役型受容体(右)の活性化様式. もっと詳しく知りたい方は, 参考図書の『細胞の分子生物学』(Bruve Alberts 他著, 2004)を参照のこと.

▶▶▶ Q & A ◀◀◀

Q 食べ物を味わうときにも嗅覚に頼っている部分が多いことがわかりましたが，逆に舌の味覚がなくなったら，食べるときにどのような感覚になるのでしょうか．

A 味覚は，5基本味（甘味，苦味，塩味，酸味，旨味）に基づいて感じる感覚です．それぞれの味覚は口腔内にある味蕾（みらい）で感じます．味蕾は味細胞が集まってできており，味細胞は5つのうちの1つの味を感じることができます．甘味受容細胞が障害を受けると甘味を感じなくなり，酸味受容細胞が傷害されると酸味を感じなくなります．

味蕾は舌だけでなく，喉の上部（咽頭）や口蓋の柔らかい部位（軟口蓋）にも存在します．そのため，舌の味覚がないだけでは味覚は完全に失われないと思います．また，基本味以外に渋味や辛味があります．これらは痛覚の1種で味蕾を介して伝わるのではありません．味蕾がなくなっても渋さや辛さは感じることができるでしょう．

嗅覚のみで食べ物を食べたらどう感じるかというのは難しいですが，最近それに似たような体験をしました．現在は健康ブームで糖質の含まれない飲料がたくさん市販されています．そのうちの1つに，炭酸水に香料のみがプラスされているものがあります．それを飲むと，果実の匂いと舌上のシュワシュワ感は見事に乖離し，2つの感覚として感じられます．この飲料に100ml当たり2gの砂糖を加えると，あら不思議！　果実味の炭酸水になります．このことから，味覚には単に味成分を感知するだけでなく，舌触り（テクスチャー）と嗅覚を融合し，食べ物としての一体感を与える役割もあると思います．味覚がないと何を食べても香料入り炭酸水のような乖離感を感じることでしょう．

Q 「視覚に頼る結果，嗅覚を使わなくなっていく」とありますが，目が見えない人の嗅覚は鋭敏なのでしょうか．

A 鋭敏なのかもしれません．しかし，一般的には視覚が不自由な場合，顕著に鋭敏になるのは聴覚ではないでしょうか．現代社会で日常生活するうえで拾える情報量は，聴覚のほうが圧倒的に多いです．危険察知を例に考えてみると，車や電車が近づいてくるのを聴覚で感じとることはできますが，嗅覚で感じるのは至難のわざです（トレーニングすれば排気ガスの匂いを感じとれるようになるかもしれませんが）．

一方，嗅覚を鋭敏にすることは不可能か，というとそんなことはありません．

嗅覚は意識して使うほど研ぎすまされていきます．調香師やソムリエは，一般の人では嗅ぎ分けられない微妙な違いを感じとることができます．動物の世界で，嗅覚は生命に直結する大切な感覚ですが，現代の人間社会では生活に彩りを与えて精神を豊かにする効果のほうが大きいでしょう．

Q 匂いの快・不快の例を挙げていましたが，同じ匂い（たとえば，ニンニクの匂い）でもいい匂いだったり，悪い匂いだったりします．どうしてなのでしょうか．

A 例がニンニクだと回答が難しいですね．通常ニンニクのいい匂いと感じるのは，食する前の香ばしいニンニクの匂いです．一方不快と感じるのは，ニンニク由来のアリシンが，食後に代謝されてアリルメチルスルフィドなどの悪臭を放つ物質になるからで，そもそも匂い物質が異なっています．

とはいえ，単一の化合物であっても，濃度によって快・不快は異なります．原液で嗅ぐと耐えられない悪臭の成分が香水に使われています．詳細なメカニズムについては第4章を参考にしていただくこととして，ここでは簡単に説明しますが，どのくらいの感覚細胞（嗅ニューロン）が匂い分子の存在を感じとったかによって，脳の活性化部位は異なってきます．たとえば，2％の嗅ニューロンが反応したときは心地よいと感じる脳領域のみが活性化されてたとしても，高濃度になり46％の嗅ニューロンが反応してしまうと，不快と感じる脳領域も同時に活性化されて"悪臭"と感じることがあります．基本的に匂い分子は揮発性物質ですから，通常ではあり得ないほど高濃度になった場合，その分大気中の酸素濃度は減少してしまいます（実際にそんな状況になることはまずありませんが）．どんな匂いも高濃度になると不快と感じるようになります．

それとは別に，条件づけなどによって匂いの快・不快が変化する場合もあります．動物実験においては，もともと好きでも嫌いでもない匂いを使って嫌悪刺激（電気刺激など）と組み合わせると，その匂いを回避する"嫌悪学習"が成立することが知られています．この現象は，脊椎動物に限らず昆虫でも見られ，学習メカニズムの研究などに役立てられています．人間も好きだった食べ物で強烈な食あたりを経験すると，匂いだけで気分が悪くなってしまい，嫌いな匂いと感じるようになる人もいるでしょう．

覚えておいていただきたいのは，感覚というのは絶対値ではなく相対値であるということです．刺激源が同じ条件でも感じる側の状態によって全く異なった価値になります．それは嗅覚だけでなく，視覚，聴覚，味覚，体性感覚のいずれでも同じです．同じ圧力で触られても，全くの他人であれば不快であり，家族であれば心地よいと思うでしょうし，初対面のときに感動するほど美人だと思った女

第1章 はじめに

性も，自分の妻となってしまえば顔を見るたびに感動はしなくなるでしょう．

Q 意志の力が人間よりずっと弱い動物は，より嗅覚の情報に依存して行動するとありますがなぜですか．脳（大脳皮質）が発達している動物ほど嗅覚を使わないのでしょうか．

A 意志の力，つまり理性は，脳の中でも大脳皮質の前頭前皮質とよばれる部分が担っていると考えられています．前頭前皮質はマウスなどではあまり発達しておらず，霊長類で急激に発達した領野です．前頭前皮質は，嗅覚の情報が到達するだけでなく視床下部をコントロールしますので，情動を制御する重要な部位です（疾病や外傷で前頭前皮質が損傷を受けると，理性のない衝動的な行動をするようになることが知られています）．前頭前皮質が発達していないと，より視床下部優勢の行動をとるため，視床下部へのはたらきかけの強い嗅覚に依存している，ということになります．

Q 一般論ですが，人間の嗅覚がいろいろな動物に比べて弱いということは常識になっているかと思います．そのような人間が匂いの研究をすることは，極端なたとえをすれば，先天的に難聴の人が聴覚系の研究をするに等しいかとも思います．嗅覚研究特有の苦労を教えてください．

A 我々人間は動物と同じ匂いの体験をできないので，動物の実験等から得られた知識がそのまま人間の場合に当てはめられないもどかしさがあります．一方，嗅覚障害は視覚障害ほど重要視されないため，嗅覚の研究は軽視されることが多いです．臨床の分野では，視覚障害は眼科が独立してありますが，嗅覚障害は耳鼻科あるいは耳鼻咽喉科というように臨床科が他の感覚と同居しています．視覚・聴覚の刺激源が光・音というように物理的刺激なのに対して，嗅覚は化学物質が刺激源です．このため，研究のうえで刺激を定量的に扱うことが難しいことが挙げられます．また，苦労して得られた匂い物質が化学変化を起こして短時間で使えなくなってしまうことはよくあります．嗅覚研究特有の苦労話を集めた本（渋谷達明 編（2005）『香りの研究エッセイ』フレグランスジャーナル社）もあります．興味のある方におすすめします．

2 匂いによるコミュニケーション

2.1 動物の行動と匂いコミュニケーション

2.1.1 ファーブル昆虫記

　匂いが動物の行動に深くかかわっていることは，19世紀後半にファーブルが詳しく書いています．ファーブル昆虫記のオオクジャクガの項の記載を紹介します．「朝のうち一匹の雌が昆虫研究室のテーブルの上で繭から出てきた．私は金網のおおいの下に閉じこめた．それはどんなことが起きるかを観察者の癖から単にやっただけのことだった．夜の九時頃，それは忘れられない光景だった．四十匹くらいの蛾が金網の周りを飛んだり，天井に舞い上がったりしている．どうして知ったかわからないが，人知れず朝生まれた花嫁に挨拶するために息せき切ってやってきたのだ.」と述べています（訳は，山田吉彦・林達夫 訳（1993）『完訳ファーブル昆虫記（上）』岩波文庫を引用）．そして，何を頼りに辿り着いたかを調べるために，金網を黒い布で覆ったりハサミで雄の蛾の触覚を切り落としたり，いくつかの実験をして，"匂い" が関係する可能性が高いことを見い出しました．さらにヤママユで実験して，最終的には，「確信できた．近所の雄を婚礼に招き，遠くにいるものに居場所をしらせ，その道しるべとするために，婚期の雌は我々の嗅覚に感じないきわめて微妙な匂いを発散する．鼻をヤママユの雌の上に持って行っても誰も少しの匂いも感じなかった.」と記載し，動物の行動と匂いとのかかわりを実験的に証明しました．ファーブルは科学者の目で動物の行動を観察していたことを物語っています．

2.1.2 動物行動の研究

　動物の行動が，ファーブルやシートンなどの博物学的な観察記載の時代から科学的な研究として本格化したきっかけは，1973年のノーベル医学生理学賞が，動物行動の研究を行っていたフォン・フリッシュ，ローレンツ，ティンバーゲンの3人に授与されたことでした．フォン・フリッシュは，ミツバチが花の位置を記憶し，それをダンスで仲間に教えるという行動を解析しました．ティンバーゲンは，魚類のイトヨについて，繁殖期に赤い腹をして威嚇姿勢をとる雄に他の雄が攻撃行動を示すこと，雌が赤い腹をした雄のジグザグダンスに反応して求愛行動を示すことを解析しました．またローレンツは，雁の仲間の雛がふ化した直後に目にした動くものを親だと思い込み（刷り込み），この偽親の後をついて回る行動を解析しました．これらがノーベル賞受賞の対象となった研究の主たる内容で，その基盤は動物のコミュニケーションにかかわるものです．3人はまさに動物行動学のパイオニアです．その後，行動の分野によって神経行動学，比較行動学，社会行動学，行動内分泌学など，専門ごとに細分化されて研究活動がさらに発展しています．ノーベル賞受賞者の研究の主体は視覚にかかわるコミュニケーションで，対象とする動物も昆虫，魚類，鳥類です．これに関連する研究はその後大いに進みました．関係する著書もたくさん出版されています．興味がある方は図書館等で探してみてください．本書では，動物のコミュニケーションの中でも匂いコミュニケーションについて，哺乳類の事柄を中心に紹介します．

2.1.3　匂いと求愛行動

　動物にとって生きることの主目的は子孫を残す，つまり種の保存です．一般に，雌には妊娠しやすい時期に発情期がおとずれます．そのため，雄は発情期の雌に**求愛行動**を実行する必要があります．ネズミやハムスターなど齧歯類の雄は，発情期の雌がいるとそばに近づいて対面し，顔をクンクンと嗅ぎ合います．動物の頭部には眼窩腺や唾液腺など外分泌腺が複数存在するので，多くの匂い物質が付着しているといわれています．次に，雄は雌の側方に回り込んで雌の横腹の匂いを嗅いだりなめたりします．雄はさらに後ろに回り込み，雌の

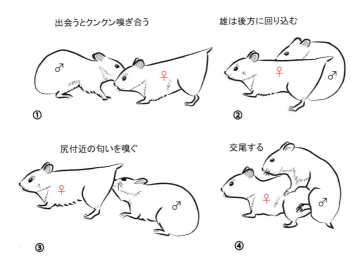

図2.1 ハムスターの性行動
雄は雌に出会うと対面して顔をクンクンと嗅ぎ合う（①）．次に後ろに回り込み（②），お尻付近の匂いを嗅いだりする（③）．最後には，雌の後方から乗りかかり交尾をする（④）．市川（2008）より改変．

生殖器やお尻付近の匂いを嗅ぎます．この一連の行動によって発情状態を確認すると，最後に，雄は雌の後方から乗りかかり交尾をします（横須賀・斉藤，2010；図2.1）．

　雌が雄の求愛行動を受け入れる時期は，排卵し，発情して受精・妊娠が可能な状態のときです．ラットやマウスは4～5日周期で排卵するので，排卵を挟む約24時間が交尾を受け入れる発情期間です．季節性の排卵をするヒツジは繁殖期間中に約16日周期で排卵しますが，発情期は排卵に先立つ24～48時間前です．これは，ホルモンに依存します．発情期間に雌のホルモンのバランスが大きく変わるのです．まず，発情ホルモンであるエストロゲンが増加します．これにともない，体内のさまざまな分泌器官から特有の物質が分泌されます．雄は，この分泌される化学物質を匂いとしてキャッチして，雌が交尾や妊娠が可能かどうか判断する必要があります．雄ハムスターが雌の身体をクンクン嗅いでいたのもこのためです．いずれにしても，限られた時間で発情期の雌を探さなければなりません．このように，求愛行動に匂いコミュニケーションが大いに役立っていることになります．

2.1.4 パートナーとの絆

　哺乳類では一夫多妻制をとるものが多いですが，少ないながらも一夫一婦制をとるものがあります．この夫婦の絆形成に，匂いがかかわっています．

　一夫一婦制といえば，鳥類を思い浮かべる人も多いと思います．しかし，鳥類は一般に視覚ならびに聴覚が発達しており，嗅覚機能は発達していないといわれています．例外的に鳥類でも鋭敏な嗅覚をもつものがいます．森林地帯に生息する猛禽類のコンドルの嗅覚は非常に発達しています．コンドルが腐肉や動物の死骸を餌とすることは有名です．彼らは覆い隠された死骸や，林床にあって上空からは視認できない場所にある死骸ですら見つけ出すことができます．このことから，視覚ではなく嗅覚を用いて餌の位置を探り出していることが想像されます．また，夜行性である走鳥類のキーウィは，外鼻孔が嘴の先端についています．このため，匂いを嗅ぎながら地中の虫やミミズなどの餌を探すと推測されています．また，匂いをコミュニケーションとして使っているほかの例として，海鳥を紹介します．海鳥も嗅覚が発達しているといわれています．海鳥の仲間の中には，1カ所に数万羽が集まって一斉に営巣し，産卵・育児を行う種も存在します．その状況で親鳥達が間違うことなく自らの巣に戻り，取り違えることなく自分の子供を見つけ出すには，視覚と聴覚だけでは困難です．鳥類の嗅覚器が機能的にはたらくことは電気生理学的には明らかとなっていましたが，実際にどのような場面で海鳥が嗅覚を使っているかは不明です．しかし，少なくともミズナギドリはパートナーの匂いを認識していることが明らかになっています（Bonadonna and Nevitt, 2004）．これらの鳥では，嗅覚が個体認識や帰巣のために重要な役割を果たす感覚であることは明らかです．そして，上記以外の鳥類が雌雄間のコミュニケーションに匂いをどの程度用いているかに関してはほとんどわかっていません．しかし，繁殖期になると分泌腺が発達する種や匂いが強くなる種も存在することから，鳥類でも種によっては求愛行動を誘起する匂いが存在する可能性が考えられます（横須賀・斉藤，2010）．

　哺乳類では，オオカミ，マーモセット，プレーリーハタネズミなどが一夫一婦制をとることが知られています．この中で研究が進んでいるプレーリーハタ

ネズミ（Prairie vole）の例を示します．プレーリーハタネズミは北米の中央部草原に生息し，食料が少ないなど過酷な環境に適応するため一夫一婦制をとっているといわれています．生態調査のために捕獲するとペアで捕獲されることが多く，標識して放し，再度捕獲すると同じペアで捕まります．そこで実験室で解析したところ，ネズミの仲間では珍しく一夫一婦制をとっていることが明らかになりました．性成熟に達した雌は今まで過ごしていた巣穴から出て，最初に出会った性経験のない雄と交尾をします．交尾の後，24時間程度一緒に過ごしている間にお互いの匂いを記憶して堅い絆を形成します（Curtis et al., 2001）．ペアはしっかりとしたなわばりを形成して，雄だけでなく他の雌がこのなわばりに侵入しても浮気をせずに攻撃をします（なわばりについては，この後説明します）．この匂いによる記憶形成に，授乳にかかわるホルモンであるオキシトシンが関係していることが明らかになり，オキシトシンは雌のみではたらき，雄ではオキシトシンに近縁の物質であるバソプレシンが深くかかわっています（Young and Wang, 2004）．

column

オキシトシン

　オキシトシンは，脳内の視床下部とよばれる内分泌系や，自律神経系の最高中枢にあるニューロンでおもにつくられます．またオキシトシンは，軸索で脳下垂体後葉まで直接運ばれ分泌されるホルモンで，授乳・分娩に必須の9個のアミノ酸からなるペプチドホルモンです（Cys-Tyr-Ile-Gln-Asn-Cys-Pro-Leu-Gly）．乳首の吸引刺激や出産にともなう子宮頸部の刺激に反応して分泌されます．最近の研究によれば，ヒツジなどの母子間のコミュニケーションや，プレーリードッグの夫婦の絆形成にオキシトシンが重要な役割を演じていることがわかり，嗅覚系の嗅球におけるオキシトシンのはたらきが注目されています．さらに，オキシトシンは脳内でさまざまな自閉症などの疾患にもかかわっていることが明らかになってきて，最近注目されている物質の1つです．

　オキシトシン同様，視床下部ニューロンで産生され，脳下垂体後葉から分泌されるホルモンとしてバソプレシン（Cys-Tyr-Phe-Gln-Asn-Cys-Pro-Arg-Gly）があり，血圧や血中の水分調節を行います．バソプレシンはオキシトシンと協調し，母子間のコミュニケーションにはたらいていることが明らかになっています．

2.1.5 母性行動

　動物の母仔間の認識には，姿・格好のほか鳴き声などが挙げられますが，匂いも大きな役割を演じています．

　ヒツジやヤギでは，母親は自分が産んだ仔だけに授乳し，他の仔の乳吸入の行動に対して激しい拒絶反応を示します（Kendrick, 2004）．母親のヒツジは，群れの中で自分の仔を認識しています．この仔の認識には，匂い情報が最も重要な役割を果たしているのです．出産前に嗅覚に障害を受けた母親は，自分の仔と他の仔の識別ができずにどちらに対しても母性行動を示します．出産直後の母ヒツジは生まれた子供の身体をなめ回し，仔の匂いを記憶する手段としています（大蔵・岡村，2007）．出産前後にはオキシトシンが分泌されます．オキシトシンの分泌は妊娠・出産にともない引き起こされ，特に出産時の産道刺激により大量に分泌されます．オキシトシンは乳腺にはたらきかけて授乳にも深くかかわりますが，脳内にも放出されます．そして，匂いの機能に重要なはたらきをする嗅球（嗅覚系の第1次中枢，第4章で説明します）に作用し，母ヒツジは仔の匂いを記憶します．母親による仔の匂い記憶機構の詳細はまだよくわかっていませんが，出産時の刺激が引き金となり，脳内の嗅覚系部位でさまざまな神経伝達物質の放出が増加していることが知られています．この中で少なくとも，オキシトシンが重要な役割を演じていると考えられているわけです（古田・菊水，2010）．ラットでも同様のことが知られています．妊娠・出産にともない，脳内でオキシトシンの分泌が高まり，さらに出産後の仔の匂いや吸乳刺激により，母性行動が誘起されます（Nagasawa et al., 2012）．ラットで実験的に膣を刺激し，出産時と類似の刺激をすると嗅球内でオキシトシンの分泌が高まることから，母性行動にかかわる匂いコミュニケーションにオキシトシンが重要であることも報告されています（Broad et al., 1999）．

　一方，生まれてすぐに仔は母親の乳頭を探し当てることができます．この探索行動にも匂いがかかわっています．母親の乳頭周辺からさまざまな物質が分泌され，これらの物質が匂い情報としてはたらき，仔は本能的に乳頭の位置を探すことができるのです．また，その中には仔の不安を取り除くような作用がある物質も含まれることが知られており，離乳後の仔ブタではこれらの物質が

鎮静作用のほか，摂食の促進作用ももつといわれています．仔にとって母親と一緒にいることは，母乳により栄養学的に満たされるだけでなく，天敵から身を守ってもらえ，体温も維持されるなど十分な安全が保障されることになります（菊水・森，2007）．

2.1.6　父性行動

　母親の子育て行動についてはこれまで述べたように多くの研究があります．一方，雄の子育て行動についてはあまり知られていなかったのですが，最近になってにわかに注目されはじめました．マスコミにより"イクメン"などとよばれ，ヒトの父親でも育児にかかわる必要性が取り上げられていることも原因かもしれません．先に述べたプレーリーハタネズミの雄は子育てをすることが知られています（McGraw and Young, 2010）．具体的には，巣づくり，仔を口にくわえて運ぶ，体温維持のために腹に抱える，清潔に保つためにお尻をなめる等の行動です．当然のことながら授乳は母親の専売特許です．この雄の育児行動にはバソプレシンが重要なはたらきをしているようです．匂いは自分の子供を認識するための大切な情報です．たしかに，鳥などの一夫一婦制の強い動物では雄も子育てに加わることが知られていましたが，哺乳類でも雄が子育てをするということで注目されはじめました．

　最近，実験用に用いるマウスで雄の子育て行動の研究が報告されました．マウスの雌は，自分の子供でなくても新生仔がいると下手ですが子育てを行います．一方雄では，恐ろしいことに新生仔は餌の対象になります．つまり食べ殺します．しかし，雄雌ペアで過ごし，出産後もしばらくペアで飼育すると，雄が育児に加わるようになることがわかりました．大変興味深いことに，出産後雌から雄に信号が伝わり，この指令によって雄が子育てをするようになります．雌が雄に「ここにいる子供たちはあなたの子供なのだからしっかり子育てをするように！」と指令を出しているようです．この信号は雌の匂いと鳴き声であることが明らかとなっています（Liu et al, 2013）．"雄"の行動から"父親"の行動に変換するメカニズムはまだ明らかになっていません．少なくとも脳内の嗅覚系の一部に可塑的な変化が起き，父性行動への変換が起きているものと思われます．

2.1.7 なわばり（縄張り）行動

"なわばり"は俗語の辞典などによると，「生活のために必要な収入源を確保するため，公共の区割りとは異なった方式で，ある範囲の地域を支配下に置くこと」と述べられています．桜の花見のとき，早朝からシートなどで夜の宴会場所を確保してしまうのも一種のなわばり確保かもしれません．動物において自己のなわばりを保持することは，餌・食物を確保するだけでなく，なわばり内で雌を確保するという生殖にとっても重要な意味をもち，子孫を残すのに大切な役割を有することになります．

野生マウスのなわばりは 20〜30 平方メートル程度といわれています．ドブネズミでは 200 平方メートルに及ぶようです．野生環境では隣り合ったなわばりをもつ動物が隣のなわばりに入ると，その居住者から激しい攻撃を受け，侵入者はあわてて自分のなわばりに戻ります．いったん自分のなわばり内に戻ると自信を取り戻し，追いかけてきた隣のなわばりの居住者に対して今度は攻撃をしかけます．これら行動の変化は明らかになわばり依存性です．ヒトでも自分の家や仲間内では大変強い行動を示し，見知らぬ環境では全く性格が変わって弱くなってしまう人もいるようです．このような内弁慶は，あたかもなわばり依存症のようです．マウスはなわばりの境界を示すため，尿を利用してマーキングを行います．尿の中には種特異性や性別，さらには個体認知（争う強さ，社会的優位性など）にかかわる匂い成分が含まれるといわれています（菊水・森，2007；横須賀・斉藤，2010）．ペットのイヌを散歩に連れて行ったとき，途中で片足をあげておしっこをするのはよく見かける光景です（図2.2）．この際，よく観察するとおしっこをする場所を事前にクンクンと嗅いでいる光景を目にします．この行動は，他の個体の尿の匂いを嗅いで，その上に自分の尿をかけるいわゆるカウンターマーキングで，自分のなわばりを主張しています．ペットになっても自分のなわばりを本能的に維持しようとしているのです．ただし，ヒトのなわばり依存性には匂いがかかわっているかどうかは全くわかりません．

図 2.2　マーキング
散歩の途中でイヌが道路脇の花壇等に放尿するマーキングの様子．1 匹がすると，その後に続くイヌがその付近を嗅ぎ，その上に放尿する．いわゆるカウンターマーキングである．尿のためせっかくの美しい花が枯れたりする．また悪臭もする．ペットが嫌いな人にとってはたまらない．

2.1.8　社会順位制

　マーキングはなわばりの維持だけでなく，同種の群れの中での順位制を支えるサインにもなるようです．オマキザル科のサルの群れでは，群れの中に新参者が加わると最優位の個体（いわゆるボスザル）が頻繁にマーキングを行っているのがよく観察されます．この頻度は日常の 5 倍にもなるといわれています．ただし，異性の新参者に対してはマーキング反応がありません（菊池，1972）．雄ウサギの群れで見ると，分泌腺の大きさやマーキングの頻度には大きな個体差があります．動物の体表面にはさまざまな匂い物質を放出する分泌腺（臭腺）が存在し（図 2.3），この分泌物が尿とともにマーキングの素材となります．社会的に優位な個体は劣位の個体に比べて臭腺の機能が活発で，分泌物をより多く放出します．優位な雄の匂いは他の雄の攻撃行動を抑え，生殖行動も減退させるといわれています（ストダルト，1980）．

　スナネズミのマーキング行動についてはよく研究されています．スナネズミはモンゴルの平原の地面に巣穴を掘って朝夕の薄暗い時間帯を中心に活動し，おもに穀物を摂取して社会階級を形成し群生しています．群れで生活しているのでマーキングはなわばりの主張に利用されていますが，マーキングによって

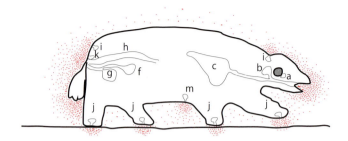

図 2.3 哺乳類の臭腺（匂い物質の産生器官）部位
動物のさまざまな部位で産生された匂い物質が放出され，信号として使われる．点は匂い物質の量を表現する．a：眼か腺，b：唾液腺，c：肺，f：腎臓，g：膀胱，h：大腸，i：皮脂腺，j：四肢の腺，k：肛門腺，m：乳腺．Wyatt TD（2003）より改変．

伝えられる情報には個体認知のための情報だけでなく，雄の社会的優劣に関するものも含まれています．マーキング行動は，体内のホルモンの動態や社会環境からの影響を受けて変化します．性ホルモンであるテストステロン分泌の上昇に従ってマーキング回数が増加し，去勢により低下します．また，社会的に劣位の個体はマーキング回数が低下します．おそらく，それぞれの個体から社会的に優位あるいは劣位であることを掲示する匂い物質が放出されていると思われますが，どのような物質であるか不明のままです（菊水・森，2007）．

社会順位制の構築やなわばり形成にマーキングがかかわっているという事実は，匂いコミュニケーションが動物の社会生活にとって重要であることを示しています．

2.1.9　クーリッジ効果

飼育ケージの中に，ハムスターの雄と発情した雌を入れ，十分交尾をして雄と雌が慣れて雄がこの雌に興味を示さなくなるまで放置します．そこに新しい発情したハムスターの雌を入れると，雌に興味を示さなくなっていた雄は再び意欲を駆り立てられ新しい雌と交尾をはじめるという現象が確認されています（Johnston and Rasmussen, 1984）．嗅覚器を破壊するとこの行動が見られなくなることから，ハムスターの雄は匂いで雌個体を識別していて，新規の雌を匂いで確認することにより興味を示すようになると考えられています．ただ

し，具体的にどのような匂い物質を認識しているかは不明です．この現象は**クーリッジ効果**とよばれており，哺乳類一般に観察されます．実は，この効果が有名な理由は名前の由来にあります．クーリッジというのはこの行動の発見者名ではなく，米国30代大統領カルビィン・クーリッジ（John Calvin Coolidge, Jr）です．ニューイングランドの田舎町の出身で，無口で剛直な性格で名声を博したと偉人伝に載っています．クーリッジ効果は次のような出来事から命名されたといわれています．

「クーリッジ大統領が，1928年に国営農場を訪問した際に，大統領夫婦はなぜか別々に農場を見学していた．大統領夫人が農園の雄のボス鶏のところにくると，説明担当者は『この雄鶏は一日に何回も交尾します』と説明した．夫人は『あら本当ですか！ 大統領に忘れずにそれを伝えてくださいね』と言い残した．少し遅れて現れた大統領は，同様の説明でボス雄鶏が精力のあることを聞かされ，また夫人の伝言を聞いたあと，『相手はいつも同じ雌鶏かね？』

column

マーキング被害

イヌが片足をあげて小便をする様子は，よく目にする光景です．マーキングをすることで，「ここは俺のなわばりだ」と主張しているのでしょう．そして，他のイヌの小便の跡がはっきりとわかるマーキング跡が生々しい状況のところへ，あえてマーキングをすることが多いのですが，これはカウンターマーキングとよばれ，なわばりの争いの1つです．カウンターマーキングは同じ場所で次から次へと繰り返されることがあります．

筆者（市川）の自宅は公園の入口に面していて，歩道に沿って花壇をつくり，草花を楽しんでいます．しかし，この歩道は公園に向かうイヌの朝晩の散歩コースになっているようで，頻繁にマーキングの被害に遭います．ある1匹が花壇に向けてオシッコをすると，同じ場所に次から次へと別のイヌがオシッコをします．匂いもすごいのですが，オシッコの作用で周辺の草花が枯れてしまいます．糞尿禁止の札をぶら下げてありますが，オシッコを勝手にさせる飼い主が多いので困っています．イヌが嫌いといわれるタバスコ等の薬品も試したのですが一向に効き目がなく，かえって我々のほうが薬品の匂いで参ってしまいます．飼い主のみなさんがマナーを守ってイヌとの散歩を楽しんでもらえないかと思案しています．

と質問した．毎回別の雌鶏があてがわれることを聞かされると，『その事実を，是非とも，大統領夫人に伝えてくれたまえ』といったという」（アゴスタ，1995）．

クーリッジ効果がヒトに当てはまるかどうか科学的には証明されていません．男性が新しい女性を好む性向があるのかどうか，また，この行動に匂いがかかわっているかどうか，ヒトにおいては再検定が必要です．しかしながら，大統領の名前を動物の行動パターンのタイトルとして取り上げるお国柄には拍手を送りたいと思います．

2.1.10 匂いとMHC

動物の生体には，MHC（major histocompatibility complex：主要組織適合遺伝子複合体）というものがあり，主要組織抗原とも訳されています．

MHC分子が実際に動物で何の役に立っているかというと，外から異物が体内に入ってきたときに，これは自分の体と「合う」あるいは「合わない」と認識し，合わないものが入ってきたときに拒絶をする，あるいは体内から出すという免疫防衛として機能しています．

MHCが話題になるのは臓器移植のケースです．遺伝子的に遠い物質（臓器）が入り込むとこのMHC分子がはたらいて拒絶反応を起こしてしまうため，肝臓移植などの臓器移植では，親子間など血のつながりのある人から臓器の提供を受けることが推奨されています．このMHCが関与した匂いが，動物間のコミュニケーションに利用されていることが明らかにされています（山崎，2007）．山崎らによると，これは偶然の発見からはじまったとのことです．MHCのみが異なる系統のマウスを作成する過程で，1つのケージの中で2系統のマウスを飼育した際，ある系統のマウスは自分と同じ系統の仲間よりも異なる系統のマウスと巣づくりをしているという観察結果が得られました．山崎らは，MHCが個体のマーカーとしてはたらいていて，各々特有な匂いを付与しているのではないかと考えました．行動実験を繰り返した結果，マウスはMHCの相違を匂いで識別していることが明らかになりました．マウスの尿中のMHCパターンが系統によって異なることも明らかになっています．マウスはMHC分子の相違を匂いで認識し，自分と異なるMHCを有する個体をより

好むのです．

　MHC分子そのものをキャッチして個体識別をするのか，MHCの相違を認識する他の機構があるのかについては不明でした．最近の報告では，次のような機構が提唱されています．MHC分子は，免疫反応により標的となるタンパク質あるいはペプチドと結合し，このMHC分子複合体は細胞表面にとどまらず，細胞外スペースに放出されます．そして，尿や他の分泌液と一緒に体外に出ることになります．他の個体がこのMHC分子複合体あるいは結合したペプチドを化学受容器の嗅覚器でキャッチし，その相違を認識できれば，個体識別に役立つことになります（Spehr *et al.*, 2006; Sturm *et al.*, 2013）．

　MHCが異なるタイプの相手と交尾することによって，この遺伝子の雑種を生み出すことになり，遺伝子の多様化を促し，広範囲な抗原反応の強化や新しく起こる環境に対する免疫系の適応能力を高めることになり，生物学的に理にかなっているといえます．

　この章で紹介してきた匂いコミュニケーションの中で，個体の識別にかかわる行動がいくつかあります．しかし，これらの個体識別にMHCがかかわっているかどうかについては現在のところ明らかにされていません．今後の研究が期待されます．

解説 | MHC（主要組織適合遺伝子複合体）

　MHCはほとんどの脊椎動物がもつ遺伝子であり，ヒトのMHCはヒト白血球型抗原（HLA）とよばれます．MHCにはMHC抗原（MHC分子）とよばれる糖タンパクがコードされています．このMHC分子は細菌やウイルスなどの感染病原体の排除や，がん細胞の拒絶，臓器移植の際の拒絶反応などに関与し，免疫にとって非常に重要なはたらきをします．MHC分子は細胞表面に存在する分子で，細胞内のさまざまなタンパク質の断片（ペプチド）を細胞表面に提示するはたらきをもちます．細胞に感染したウイルスやがん抗原，あるいは貪食処理されたペプチドなどがMHC分子に結合して細胞表面に提示され，それがリンパ球のうちT細胞に抗原として認識され，引き続き免疫反応が惹起されてウイルスやがんなどを攻撃排除する方向にはたらきます．それぞれの個体は似たような構造のMHC分子の遺伝子情報を何種類ももち，こうして数種類のMHCを同時に発現させています．MHCは個体によって非常に多様性に富み，ほとんどの場合異

なった種類の組み合わせとなります．このためMHC分子はT細胞が自己と他者の区別をする目印にもなるわけです．しかしながら，当然近縁のものほど似たMHCを有することになり，臓器移植で近親者の臓器提供を受けるのはこのためです．

> **解説 匂い物質と官能基**
>
> 匂い物質とは，硫化水素やアンモニアなどごく簡単な無機化合物を除けば，ほとんどが比較的低分子（分子量約300以下）の有機化合物で，数十万種類あるといわれています．匂いと感じるのは官能基とよばれる化学構造をもつものです．官能基は，カルボキシル基（–COOH）がつくと酸臭，水酸基（–OH）ではアルコール臭というように匂いの質に影響を与えます．ほかに，チオール基（–SH），アルデヒド基（–CHO），ニトロ基（–NH$_2$）等があります．

2.2 ヒトと匂いコミュニケーション

2.2.1 ヒトの嗅覚

ヒトは，嗅覚が退化した動物だといわれています．たしかに，視覚・聴覚に比べて嗅覚が障害を受けたときの影響は少ないと思われます．動物にとって嗅覚を失うのが死を意味する一方，ヒトは匂いを感じなくても他の感覚で何とか補うことが可能といわれています．しかし，嗅覚が失われると風味障害といって味に大きな障害を与えることになり，一般の生活に大変な不便さを与えます．このように，動物と比較して退化した嗅覚を有するといわれているヒトは，社会生活の中で匂いのコミュニケーションを利用しているのでしょうか．もちろん，前節で紹介したような動物と同様の行動を示すコミュニケーションではないでしょう．しかし動物に比べて弱いながらも，匂いのコミュニケーションを生活の中で利用していると推測されます．

2.2.2 文芸作品に描かれたヒトにおける匂いコミュニケーション

ヒトが匂いをコミュニケーションに用いている可能性は，源氏物語の中にも描かれています．光源氏の子である薫君の恋物語を描いた宇治十帖の若宮の巻で，薫君が匂いを発していた様子が，「この青年には，他の人にはない不思議

な特徴，すなわち，生まれながらにしてその身にかぐわしい芳香を放つのである．この世とも思えぬ，かぐわしい匂いが身じろぎするたびに漂い，遠く隔たったあたりまで追い風が匂う」（田辺聖子 著（1993）『霧ふかき宇治の恋—新源氏物語』新潮社より引用）と表現されています．この匂いを嗅ぐと，たいていの女性はクラクラとなったようです．まさに，匂いのコミュニケーションを利用していたということでしょう．一方，この薫君の恋のライバルが従兄弟の匂宮ですが，彼はお香をたきしめて，この香りを利用して女性を射止めようとするわけです．薫君が天才なら匂宮は努力の人です．三角関係を争った相手の浮舟はどちらを選んだのか，それは源氏物語を読んでみてください．

ノーベル賞作家の川端康成の作品に『眠れる美女』があります．この小説の主人公である老人は，知り合いに紹介されたある特殊宿で一晩を過ごします．その一室には，若い女性が裸形で睡眠薬により眠らされています．その隣に横たわって，触ることは禁じられたまま寝ることになるのです．眠ったままの若い女性から発散される体臭は，寝ている間に老人の脳を刺激してさまざまな記憶を思い出させ若返らせるという話で，相当のエロティシズムに満ちた作品です．これは，いわゆるシュナミティズムといわれる現象です．シュナミティズムとは，旧約聖書の中でダビデ王が年老いて夜着を重ね着しても温まらなかったので，夜に添い寝して温めるための美しく若い乙女をシュナミから連れてきたことに由来します（鈴木，2002）．ちなみに，王はこの女性と男女の関係はなかったとされています．シュナミティズムは一般に回春法とも考えられていますが，迷信と主張する研究者も多く，科学的にはほとんど手がつけられていないと思います．実験は難しそうですね．

2011年の春，東京芸術大学大学美術館で「香り—かぐわしき名宝展」という展覧会がありました．その中で，美人画の題材として京都円山派や上村松園によって描かれている楚蓮香という女性を知りました．身体から芳香を放ち，外出するとその香りに魅せられて蝶や蜂が飛び従ったと，唐の時代の栄華を物語る遺聞を集めた書の開元天宝遺事に書かれているとのことです（東京芸術大学美術館，2011）．特に松園の「楚蓮香之図」（京都国立博物館蔵）は，いかにも香りが漂いそうな美人です（図2.4）．中国では，ほかにも春秋時代の西施，唐時代の楊貴妃，清の時代の香妃が身体から芳香を放っていたといわれています．

第2章　匂いによるコミュニケーション

美女の香り

column

　本文中で，中国の3美女が芳香を発していたといわれていることを述べました．その中で香妃については，清の時代であったため詳しい逸話が残っていますので，中村祥二氏の著書「調香師の手帖」（朝日新聞出版，2008）に述べられていることを引用します．

「18世紀清の時代の西域で，ウイグル族の王ホジ・ハーンが清に反乱を起こしたが，逆に滅ぼされ王は殺された．この国の王妃で，絶世の美女のうえ，そのからだからえもいわれぬ芳香を発していたといわれた．当時の清の皇帝乾隆帝は，香妃のうわさを耳にして，後宮に入れたが，香妃は寵愛を拒み，かえって夫の仇と皇帝の命までねらって，最後は自刃したといわれている」スウェーデンの探検家で古代遺跡楼蘭を発見したスウエイン・ヘディンも彼の著書（スウエイン・ヘディン（1978）『熱河―皇帝の都』白水社）の中で「香妃は，まつげが長く，唇はサクランボのように赤く，漆黒の髪の毛はふくよかな両肩にたれ，すらりと背は高く，手は白玉の彫刻のように透けて見えた」と表している．その土地の古老は「香妃は，それはかぐわしい棗の匂いがした」と伝えたという．この香妃の香りになぞらえてつけられた「沙棗（さそう）」というグミ科の植物があるそうです．1メートルから5メートルの落葉樹で枝にとげがあり葉は楕円形で，若枝が伸びて花をつけます．この花は，エステル様の強い果実の香りをもっています．先に紹介した中村氏（調香師でもある）によると，沙棗は独特の香りだそうで，この植物から香り成分を取り出して香水を1988年に作成したとのことです．実際にどのような香りがするのか大変興味があります．また，香水はこの植物の名前がついているようです．

2.2.3　寄宿舎効果

　ヒトにおいて匂いのコミュニケーションの存在を科学的に示した重要な報告は，マクリントックによる1971年の論文です（McClintock, 1971）．彼女は寮生活をしている女子学生のアンケート結果から，共同生活がはじまると月経周期が同調すること，いわゆる寄宿舎効果を明らかにしました（彼女自身も寮生活をする学生の1人でした．同時期には英国元首相のサッチャー氏が寮にいたといわれています）．その後，彼女は1998年に女性の腋からの分泌物を別の女性に嗅がせると月経周期に影響を及ぼすことを明らかにしました

図 2.4　楚蓮香
東京芸術大学美術館発刊の『香り―かぐわしき名宝展』の中の上村松園の作品を，著者がトレース模写した図です．原図はカラーで素晴らしいです．この模写でも雰囲気は伝わると思います．

(Stern and McClintock, 1998)．卵胞期の分泌物は女性の排卵を促進することにより月経周期の短縮を誘導し，排卵期の分泌物は排卵の遅延を起こして月経周期の延長をもたらします（図 2.5）．このために月経周期が同調すると述べています．腋のアポクリン汗腺（後に説明します）から分泌される物質の中に作用物質が含まれているとされ，いかなる物質が効果を引き起こすのかについて研究が進んでいます．見つかると臨床的には重要な物質となることは間違いないと思います．詳しいことは第 6 章で述べます．

2.2.4　赤ちゃんの匂い

前章で動物における母性行動に匂いが重要なはたらきをしていることを説明しました．さてヒトではどうでしょうか？　母親は，自分の子供を匂いで嗅ぎ分けることができるようです．生まれてから 6 時間後に自分の子と他人の子 2 人をベッドに寝かせ目隠しをし，匂いで自分の子を 3 人の中から探してもらうと，61% の確率で自分の子を探し当てられると報告されています．ちなみに，父親は 37% の確率となりランダムな選択と変わりませんでした．おそ

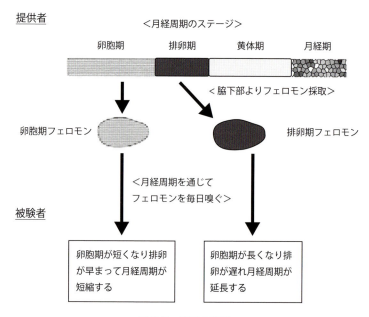

図 2.5　寄宿舎効果

らく，母親は出産の際に子の匂いを記憶したと思われます（柏柳，2011）．
　動物では母性行動にオキシトシンがかかわっていることが明らかになっています．ヒトではどうでしょうか．妊娠期間から授乳期間に血中のオキシトシン量が増加することは明らかなようです．ヒトにおいてオキシトシンが単に授乳にかかわるだけでなく，環境とのかかわりの中でコミュニケーションと関係していることが報告されています（Nagasawa et al., 2012）．しかしながら，オキシトシンがヒトの匂いコミュニケーションにかかわっているかどうかはまだわかりません．

2.2.5　体　臭

　人間の体臭は，皮膚の汗腺から出る汗を源としています．汗には暑いときや緊張したときなどに出る「エクリン汗腺から出るエクリン汗」と，腋の下や陰部から出る「アポクリン汗腺からのアポクリン汗」の 2 種類があります（図 2.6）．エクリン汗にはもともと匂いがなく，汗によって繁殖した細菌が増殖

分解することによって臭うようになります．一方，アポクリン汗はホルモンの分解産物の匂い物質を含んでいるため，これらが体臭のもとになっていると思われます．

このアポクリン汗は同性同士だと不快な匂いとして敬遠されるのですが，不思議なことに異性だと心地よさを感じさせることもあるようです（鈴木, 2002）．アポクリン汗に含まれる物質が，そうした異性の心地よさを引き出すのかもしれません．体臭はある特定の個人に見られる症状ではなく，誰でもアポクリン腺から匂い物質が出ますが，その量が多いか少ないかには違いがあります．

問題は汗臭さです．先にお話ししたようにエクリン汗自体に匂いはありません．汗が細菌などに分解されて，その分解産物が臭いのです．清潔さと臭さは比例関係にあります．したがって，汗臭さは現代社会ではできるだけ避けたほうがよいでしょう．汗臭さとアポクリン汗による匂いが混同されている可能性があります．実はアポクリン汗の匂いであるのに，汗臭さととらえられてしまい，不潔と談じられている可能性があります．いずれにせよ普通に清潔にして

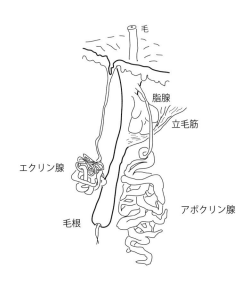

図 2.6　汗　腺

いれば，アポクリン汗はそれほど忌み嫌う対象ではないでしょう．それどころか匂いに対して寛容な国に行けば，源氏物語の薫君のように異性にモテるかもしれません．

特に中年男性が気になる自分の匂いというと，加齢臭があります．これはノネナールという化学物質が原因の1つです．ノネナールについてはさまざまな研究が行われていますが，どうやら男性ホルモンであるアンドロステノンの数値が高いとノネナールも高い数値を表す傾向があることがわかっています．人間は年とともにホルモンの状態が変化し，特に男性の場合，アンドロステノンが加齢によって増える人もいます．そういう人はノネナールも多くなり，加齢臭をまとうことになります．

2.2.6 ヒトのMHC

思春期の娘に，「お父さん，臭い」などと匂いのことを指摘されて，ショックを受ける父親がいるという新聞記事を見たことがあります．加齢臭のせいであると悲嘆する人もありますが，これはMHCのためであるかもしれません．動物の匂いコミュニケーションの項でMHCのことは紹介しましたが，ヒトにもMHCがあります（HLA；ヒト白血球型抗原 と表されることもあります）．実はヒトでもマウスと同様，結婚相手を選ぶときにもMHCが近い人を選ばない傾向があるのです．心理学的な実験では，女性の好みなどを調べると，自分の父親と同じMHCをもっている，あるいは同じ性格・趣向の男性をあまり好まないことが報告されています（Wedekind *et al.*, 1995）．ところが，この結果は女性のホルモン状態によっては逆転することも報告されています．ピルを飲んでいる女性ではMHCの近い人を好むようになるのです．ピルを飲むと擬妊娠状態になるので，受精できないようになります．そういう状況では近親者も異性として感じてもよいのでしょうか．妊娠適齢期にはMHCの遠い存在を好むようになり，それ以外のときはMHCの近い存在を好むということは，年頃の娘が父親の匂いを嫌うようになるのは生殖可能になった女性の身体が遠い遺伝子を求めていることの証という言い方もできます．そのように考えれば，父親は娘に嫌われたと無用に悩むよりも，娘の成長を喜んだほうがよいと思います．

2.2.7 月経周期と匂い感受性

　月経周期に対応して匂いに対する感受性が変化することが知られています．月経周期にともなって，さまざまな機能，内分泌系はもちろんのこと，自律神経系も影響を受け体温等が変化します．その中で，嗅覚の感度が変化することが知られています．排卵期に発情ホルモンのエストラジオールや黄体形成ホルモン（LH）血中濃度も高くなります．そして，嗅細胞の嗅覚感度が高くなります．続く黄体期には嗅覚感度は標準値に戻り，ホルモンではプロジェステロン濃度が高まります（Doty and Cameron, 2009）．嗅覚感度にホルモン自体が影響を及ぼしている証拠はなく，どのような機構で嗅覚感度が高くなっているか不明です．また，男性が排卵期の女性の体臭を好むという報告があり，一方排卵期の女性が左右対称を示す男性（健康の指標とされている）の匂いを好むことも知られています（Gangestad and Thornhill, 1998; Singh and Bronstad, 2001）．先に紹介した動物ほどではないにしても，ヒトにおいても妊娠しやすい排卵期に男女が結びやすくなっているということなのでしょうか．さらに，妊娠すると匂いの感覚が変化することも知られています．この変化は嗅細胞の嗅覚感度の変化ではなく，脳内部の匂いに対する神経機構に変化が起きているためと報告されています（Cameron, 2014）．

　ヒトの社会生活でも，匂いコミュニケーションはさまざまな状況で役割を演じているようです．文明社会の中で忘れられがちな匂いコミュニケーションを，ヒトがヒトらしく社会生活を送るために大切にすべきではないでしょうか．

▶▶▶ Q & A ◀◀◀

Q 発情期のネズミやヒツジの雌が特有の匂い物質を分泌するそうですが，人間でもそうなのでしょうか．

A 人間でも月経周期でホルモンの分泌量が変動するのに応じて，匂い物質の分泌にも変化が起きます．排卵期には低分子量脂肪酸やステロイド物質の分泌量が増加します．これらの物質については第6章で詳しく述べます．

第2章 匂いによるコミュニケーション

Q 鳥類は嗅覚が発達していないとありますが，ヒトと同様，進化の過程で視覚が優位となったのでしょうか．空を飛ぶと嗅覚機能は必要なくなるのですか．

A 鳥類の中でも海鳥や飛べない鳥（ニワトリ，キジなど）は，比較的嗅覚が発達しています．一方で，空を飛ぶ鳥の仲間は脳の中でも嗅覚系が占める割合が小さく，嗅覚機能は発達していません．空を飛ぶということで，進化の過程で嗅覚よりむしろ視覚，聴覚を発達させたものと思われます．しかし，空を飛ぶからといって嗅覚機能は不要だと単純にはいえないと思います．腐肉食者であるコンドルなどは鋭い嗅覚をもっています．面白いことに，鳥類の祖先である獣脚竜恐竜のティラノサウルスは，大きな嗅球をもっていたことから鋭い嗅覚の持ち主であったと推測されています．ティラノサウルスというと獰猛なハンターと思う方も多いでしょうが，最近の研究では，歯の化石の解析から腐肉食者であったのではないかと考えられています．感覚器はその動物の食性によっても変わってくるよい例だと思います．鳥類に関する嗅覚の研究は大変遅れていて詳細はわかっていません．今後の研究成果を待たざるを得ません．

Q プレーリーハタネズミが最初に出会った異性とペアをつくるというのは，相手の選り好みを一切しないということでしょうか．このような動物は珍しいのではないですか．また，プレーリーハタネズミが過酷な環境に対応するため一夫一婦とありますが，なぜ一夫一婦が有利なのでしょうか．

A プレーリーハタネズミを飼育している研究者の話ですと，選り好みをしないケースがほとんどだそうです．珍しいでしょうか？　自然界では双方が発情状態であったら選り好みをしないほうが普通だと思います．群れをつくる動物や生息密度の高い動物だと異性に出会うチャンスが多いため，選り好む余裕があるだけだと思います（ヒトの選り好みが激しいのはまさに人口密度の高さゆえです）．また，プレーリーハタネズミは齧歯類では珍しい交尾排卵動物です．子孫を残すため，とにかく相手を見つけ交尾し，排卵をすることが必要となっているのでしょう．この結果，交尾刺激により脳内のオキシトシンが増加し，相手の雄と深い絆を形成し，一夫一婦制を維持し共同で子育てをします．この生活パターンは厳しい環境で種を維持するため適していると思われます．

Q マウスが雄に「子育てするように」と信号を出すとありますが，交尾相手の雌を覚えていて，その雌のいうことだから聞くのですか．もし途中で他の雄と入れ替えてしまった場合，雌から信号を受けとった他の雄も同じように子育てをするのでしょうか．

A 　途中で雄を取り替えた実験はないので正確にはわかりませんが，交尾の経験は必要なようなので，交尾経験の全くない雄では信号をうまく受けとれないと思います．おそらく，雄は交尾相手の雌を記憶していて，交尾相手の雌の発信する信号を聞いているのでしょう．いったん子育てをするようになった雄は，自分の仔以外でも子育てをするようです．

Q 「新生仔は餌の対象になる」とありますが，他の雄の遺伝子を排除しよう，というのではなく，ただ単に餌として認識されるだけですか．

A 　雑食性の動物による新生仔の食殺はしばしば認められます．目の前の個体が攻撃の対象であるか保護の対象であるかは，五感で認知したときの微妙なバランスで決定します．マウスに「他の雄の遺伝子を排除しよう」という積極的な意思があるか実際にはわかりません．ゴリラやライオンなど群れで生活する動物の場合，群れの政権交代（現ボスが戦いに敗れて新規の雄がボスとなる）にともない，その時点での乳飲み仔はほぼ殺害されます．これは母親の授乳を中断させ，発情を回帰させるのが目的です．他の雄の遺伝子を排除するというのであれば，離乳後まだ未成熟な動物も殺戮の対象になりそうですが，そうはなりません．戦国時代の一家お取りつぶしとは違います．

　マウス（特に実験室で飼われている動物実験用マウス）の場合は，雌は授乳中も交尾に応じるので，同様の目的をもっているとは考え難いです．雌マウスでも新生仔を食殺することがあります．この現象は母マウスに強いストレスがかかった場合に多く見られます．攻撃性とストレスは強い相関があります．多くの動物で雄のほうが攻撃的なのは，攻撃の神経回路が作動しやすい脳であるからです．攻撃して新生仔が命を落とせば餌そのものになるので食べるのです．

Q イヌは他の個体の尿の後に自分の尿をかけてなわばりを主張する（カウンターマーキング）そうですが，匂いが混ざって自分のなわばりと主張できなくなってしまうことはないのでしょうか．

A 　そのとおりだと思いますが，イヌは「匂いが混ざる可能性があること」を理解しているとは思えません．他の個体の匂いをキャッチしてこれに反応し，カウンターマーキングを反射的に行っているだけのようです．匂いの物質が揮発性である場合，時間経過とともに揮発・拡散していくので，匂い成分の濃度は古いほうが薄くなります．不揮発性の物質でも雨に流されれば濃度は下がります．上から自分の尿をかけると，かけた瞬間は自分の匂いのほうが有意に強いので安心するのではないでしょうか．

Q 左右対称がなぜ健康の指標となるのでしょうか．

A 動物が成長後に整った身体になるのは順調に発育した証といえます．遺伝子に変異があった場合や病気に弱い体質をもっている場合，成長にひずみが起きて左右のバランスが崩れ，非対称になります．顔が整っていて左右対称であれば，正常に発達して健康であることの証明になります．

Q オキシトシンとバソプレシンのアミノ酸配列は似ているところがあるように見えますが（9個中7個一致），この2種類の分子はどのような関係にあるのでしょうか．

A オキシトシン（OX）とバソプレシン（VP）は，アミノ酸配列や遺伝子構造の高い共通性から，これらペプチドをコードする遺伝子は同一の祖先遺伝子から派生したと考えられています．両者とも視床下部のニューロンで合成され，下垂体後葉に運ばれる神経性ペプチドホルモンです．OXは子宮収縮・乳汁分泌，VPは血管収縮を介して血圧調整にはたらくことで有名です．OX,VPを合成するニューロンの軸索は枝分かれをしてその軸索終末からOX,VPが放出され，脳内に作用し，OXは抗不安・抗うつ効果を，VPは不安抑うつ関連行動を増加させることによりお互いが協調してはたらくといわれています．しかし，それぞれの神経回路，受容体の分布やその機能はまだ明確でありません．また，雌雄で機能の相違が報告されており，脳内の役割についてはまだまだ未知の分子です．

Q オキシトシンは男性では分泌されないのでしょうか．

A オキシトシンは子宮収縮や授乳の役割が注目されていて，雌にのみ分泌されているように思われがちですが，齧歯類からヒトまで哺乳類の雄雌双方で存在が確認されています．オキシトシンは血管系，骨形成からストレスやうつ病など精神活動にまでかかわっているといわれています．

3　匂いコミュニケーションを司るフェロモン

3.1　フェロモン

　第2章で匂いコミュニケーションの実例をいくつか挙げました．動物にとって，匂いがお互いのコミュニケーションでいかに重要であるか理解できたことと思います．実は，これらの多くにフェロモンとよばれる物質が重要な役割を演じています．フェロモンは同種の他の個体から分泌され，さまざまな影響を及ぼします．

　フェロモンを最初に化学物質として同定したのはドイツの化学者ブテナントです．1957年に，カイコガの雌が雄を引きつける物質を抽出して"ボンビコール"と命名しました．学名のボンビックスモリ（*Bombyx mori*）のボンビと"呼び出す"という意味のコール（call）を合成して名づけられています（図3.1）．

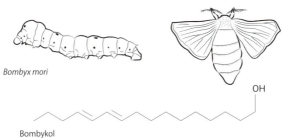

図3.1　カイコの幼虫（左），成虫のカイコガ（右），フェロモンのボンビコール（Bombykol）（下）
市川（2008）より改変．

ブテナントは 50 万匹以上の雌カイコガを材料に，約 20 年費やしてボンビコールを抽出しました．日本のカイコもブテナントのもとに輸出されたといわれています．その後，いくつかの昆虫の性誘因物質が発見されました．このような性質をもつ物質は，ギリシャ語の pherein（運ぶ）と hormon（興奮させる）から pheromone（フェロモン）と命名されました．フェロモンは，「動物個体から放出され，同種他個体に『特異的な反応』を引き起こす化学物質」と定義されています（Karlson and Luscher, 1959）．

　フェロモンにかかわる研究は昆虫の分野で大変進んでおり，素晴らしい成果を挙げています．といっても，我々が最も興味を抱くのは，ヒトのフェロモンについてです．昆虫のフェロモンの研究成果は，ヒトのフェロモンの研究に影響を与えています．しかしながら，一般的に感覚神経系は我々脊椎動物と昆虫等無脊椎動物とでは大いに異なっているため，フェロモンを受容し情報処理する神経系も同様に異なっています．本書では，昆虫等の成果を説明する余裕はないのでそれは必要最小限にとどめ，脊椎動物，特に哺乳類の例を説明することにします．

　フェロモンの定義を先に述べましたが，この定義は昆虫のフェロモンに基づいて半世紀前につくられたものです．今では，この定義では昆虫はまだしも，脊椎動物や哺乳類では表出する行動が複雑であるため，定義が曖昧になります．本書ではもう少し定義を修正して，フェロモンとは，① 同種の他の個体から放出され，② 専用の受容器で受容され，③ その情報は脳・神経系で処理され，④ 神経系あるいは内分泌系を介して，行動や生理機能に特異的な反応を引き起こす化学物質，と定義したいと思います．また，性的な作用だけでなくさまざまな生理作用に影響を及ぼします．

　フェロモンは"特異的な反応を引き起こす"という定義により，その作用に関して 2 つのタイプに分けられます．その 1 つはリリーサー（releaser）フェロモンです（リリースとは「手を離す」とか，「情報を公開する」という意味）．これは，同種の他個体に直接的な行動を引き起こすフェロモンと定義され，フェロモンの効果は短時間に起こり，すぐに行動を引き起こすものです．もう 1 つは，プライマー（primer）フェロモンです（プライマーとは「導火線」という意味）．同種他個体の生理過程に影響し，間接的に個体の発達や生殖機能

などに効果を与えるフェロモンと定義されています．その効果は比較的長時間持続し，影響はホルモンなどの変化により二次的なものです．単純に分類できないものもありますが，この分類に従って，フェロモンの作用を考えてみましょう．

3.2 リリーサーフェロモン

　第2章で述べた匂いのコミュニケーションの多くのものに，リリーサーフェロモンがかかわっています．また，実験的に解析が容易なものでフェロモン分子が明らかになっているものもあります．特に昆虫のフェロモンは，たとえばボンビコールが雄を引きつけるように1つの化合物が劇的な行動を引き起こすことから，解析が容易で多くの分子も明らかになっています．しかし哺乳類では，実験動物など限られた動物の行動で研究が進められている状況です．そのいくつかを紹介します．

3.2.1 性フェロモン

　第2章でハムスターの性行動の説明をしました．齧歯類では基本的な行動パターンが似ています．マウスも出会うと雌雄がお互い顔を嗅ぎ合います．この行動にヒントを得て，東原らは雄マウスの涙腺から雌を誘引するフェロモンが出ていることを確認しました．雄（雌ではない！）の涙が，雌を引きつけるというわけです．このフェロモンはリリーサーフェロモンです．彼らはさらに解析を進め，分子構造を明らかにして，リリーサーフェロモンをESP1 (Exocrine gland-secreting peptide 1) と命名しました (Kimoto *et al.*, 2005)．4kDのペプチドです．ESP1の受容体（受容体については後で述べます）も明らかになり，今後さらに研究が進むことが期待される有望なフェロモンです．

　ウマやヒツジの雄は雌の尿や外陰部の匂いを嗅いだ後，頭を上げて上唇をめくり上げ，目をむいてしばらく陶酔に浸るようにじっとその姿勢を保ち続ける行動をとります．フレーメンとよばれる行動です（図3.2）．ゾウでは長い鼻を高々と上げるポーズをとります．このゾウのフレーメンをフェロモン効果の

指標にして，アジアゾウの尿からフェロモンが同定されました．ドデシニルアセテートです（Rasmussen et al., 1997；図3.3）．この物質はボンビコールに分子構造が似ており，雌の尿の中に含まれています．ゾウの尿には蛾が寄ってくることが知られていますが，化学物質に誘引されて寄ってくるのか，単に水分を求めて寄ってくるのか明らかではありません．ゾウの尿量が多いことは有名です．そこで，多量に尿が採取でき材料が豊富にあることを利用して，ゾウのフェロモンを同定したといわれています．

雄ブタの顎下腺からは，発情期の雌が交尾姿勢をとるように誘引するフェロモンが同定されました（Dorries et al., 1995）．尿の中にも多く含まれる物質のアンドロステノンです（図3.3）．アンドロステノンは，コレステロールから合成されるステロイドホルモンである黄体ホルモン（プロジェステロン）の代謝産物です．この物質は合成され「ボアメイト」という名前のスプレーとして市販されており，ブタの人工授精の際に利用されて繁殖率の向上に役立っています．合成したアンドロステノンをスプレーにして発情した雌ブタに吹きかけると交尾姿勢をとって不動化し，安全に人工授精ができるようになるというわけです．このように，アンドロステノンに実用化された有名なフェロモンです．また，高級食材で知られているトリュフの採取に古くから雌ブタが使われています．雌ブタはトリュフを探して林の中の地面を何時間も歩き回ることが知られています．不思議な行動ですが，トリュフの中に高濃度のアンドロステノンが含まれていることが明らかになると，雌ブタの行動が理解できます（なぜアンドロステノンがトリュフの中に存在しているのかは全く不明です）．

図3.2　フレーメン
　　　　ウマ（左），ゾウ（右）．

3.2 リリーサーフェロモン

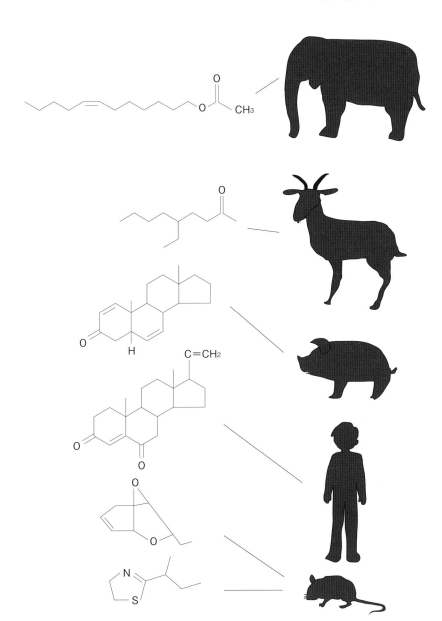

図 3.3 哺乳類のフェロモン候補の例
　上から，ゾウ：ドデシルアセテート，ヤギ：エチルオクタナール，ブタ：アンドロステノン，ヒト：PDD，マウス：デヒドロブレビコミン，マウス：ブチルジヒドロチアゾール．詳細は本文参照．ヒトのフェロモン候補については第 6 章参照．

column フェロモンとホルモン

　これらはよく似た名前で，一般の人は間違えていることが多々あります．両者とも生物学的に重要な物質です．本書の主題は，フェロモンです．そこで，このコラムではホルモンの説明を簡単にします．焼き肉屋では「ホルモン」の文字を目にします．これは語源が「放（ほお）るもん」つまり，内臓など価値がないので捨てるものという表現からつくられたという説があります．しかし，生物学でいうホルモン（hormone）はギリシャ語の"刺激する"を意味する"ormao"が語源です．生物体内の特定の臓器（組織）で合成され，血中に分泌されて同一体内の他の臓器に存在する受容体に作用して生理的効果を引き起こす化学物質です．専門的には内分泌物質と表現され，ホルモンを合成する臓器を内分泌器官とよびます．例を挙げると，甲状腺，副腎，脳下垂体など，それぞれ甲状腺ホルモン，副腎皮質ホルモン，生殖腺刺激ホルモンを合成・分泌します．ホルモンは，血液中に放出されさまざまな臓器を標的として作用します．この標的器官の中にはフェロモンを合成する臓器も含まれます．フェロモンと大きく異なる点は，同一体内で作用することです．

3.2.2　攻撃フェロモンと匂いマーキング

　ネズミなどで社会的に優位な雄は，劣位な雄に対して攻撃をすることはよく知られています．雄マウスは別の雄に出会うと匂いを嗅ぎ，直ちに攻撃的になって相手に嚙みつき追いかけ回す．ところが，去勢した雄に出会った場合は攻撃を示しません．この攻撃を誘引する成分，すなわちフェロモンは尿中に含まれています．しかし，去勢雄の尿中にはこのフェロモンが含まれていません．したがって，このフェロモンの合成には精巣からのホルモンが必要とされます．ノボトニーたちはこの攻撃を誘引するフェロモンを，去勢雄には認められず正常雄に存在し去勢雄に塗りつけると攻撃を誘発する物質として解析した結果，2-sec-ブチルジヒドロチアゾール，デヒドロ-exo-ブレビコミンである事を明らかにしました（Novotny et al., 1985；図 3.3）．この2つの物質は面白いことに，一方の物質だけを去勢雄の尿に加えただけでは効果がなく，また尿の代わりに水に溶かしただけでは効果がありません（表 3.1）．したがって，この2つの物質に加えて去勢雄に含まれる何らかの物質も必要とされます．

表3.1 マウス攻撃フェロモンの組み合わせと攻撃行動

フェロモンの組み合わせ				攻撃行動
SBT	DHB	水	去勢雄尿	
+	+	+	+	+
+	+	+	−	−
+	−	+	+	−
−	+	+	+	−

＊SBT：2-sec-ブチルヒドロチアゾール，DHB：デヒドロ-exo-ブレビコミン

つまり，雄マウスの攻撃には，2-sec-ブチルジヒドロチアゾール，デヒドロ-exo-ブレビコミンは必要であるけれども，これだけでは活性をもたないということになります．複数のフェロモン物質により，フェロモン効果を引き起こすことの一例です．

第2章で，なわばりを維持するため野生のマウスが尿などにより匂いのマーキングをすることを紹介しました．マーキング行動はなわばりに侵入した他の個体を攻撃して追い払うための信号として用いられ，リリーサーフェロモン効果を発揮する行動的役割を演じています．マウスでは主要尿タンパク質(Major Urinary Protein, MUP) の存在が報告されており，野生環境のマウスでは，このタンパク質の構成成分の違いを根拠になわばりを主張しているといわれています．MUPはマウスの尿中に多く含まれているタンパク質の複合体で，個体ごとに複合体の発現量やそのバランスが違っていることが知られています．個体識別にはMUPなどのタンパク質複合体の量の相違を匂いで判断し，これを指標にしているようです (Hurst *et al.*, 2001)．

マウス以外の動物でも，マーキングはよく観察されます．尿だけでなく，糞あるいは皮膚に存在する外分泌腺からの分泌物も用いられます．一般的に雌より雄に多く観察されます．ただし，その成分はほとんど明らかになっていません．

3.2.3 警報フェロモン

動物は危険が迫るとその情報を仲間に知らせるためにさまざまな手法をとります．この代表としては警戒音が有名ですが，匂い情報も使われます．ラット

は危険な状況下におかれると特有の匂い物質を放出し，この匂いに対して他の個体が忌避的な行動をとります．動物はストレスを与えられると一過性の体温上昇を示すことが知られています．床に電気で刺激を与える装置を組み込んだ飼育ケージにラットを入れ電撃フットショックを与えた後，このケージからラットを取り出して新しい動物を入れると，緊張性の行動とともに体温上昇が増強されることが，菊水らによって示されました（Kikusui *et al.*, 2001; Kiyokawa *et al.*, 2004）．フットショックを受けた動物から何らかの匂い物質（フェロモン）が放出され，感覚系を介して行動および自律神経系の緊張を高めたと思われます．この物質は肛門周囲部より放出され水に可溶であることも明らかになっています．しかし，物質の同定にはいたっていません．

　一般に，群れを形成する動物は，天敵に曝された場合に群れの中の一部の個体が犠牲になることでその他の個体の安全は確保されることになります．群れる動物は自己を犠牲にしてでもフェロモンを介して他の個体に危険情報を伝えることで，種として環境に適応する能力の一手段としていると推察されます．

3.2.4　母性フェロモン

　第2章で母子間の匂いコミュニケーションの紹介をしました．ここでは，仔の乳首探索行動についてもう少し詳しく紹介します．哺乳類にとって哺乳は特徴的な行動であり，出生直後の仔にとっても授乳は重要な行動です．仔は生まれてすぐ母親の乳首を探し当てることができますが，この行動を可能にしているのが，授乳期に母親の乳頭輪の周囲から放出される母性フェロモンとよばれるリリーサーフェロモンです．

　母ウサギの乳腺で合成されて乳汁に分泌されるメチルブタナール（2-methylbut-2-enal）は，仔ウサギに授乳行動を誘発する作用があります（Schaal *et al.*, 2003）．ウサギは他の哺乳類に比べて授乳時間が1日1回で数分と短いため，仔ウサギにとって，このフェロモンは短い授乳時間に確実に乳房に辿り着くために欠くことができないものです．

　母性フェロモンは授乳効果に役立つのみでなく，子供に安心感を与える効果ももちます．母ブタの乳房周辺から授乳期のみに分泌されて仔ブタの不安を軽減し，不安にともなって起こる攻撃行動を沈める効果をもつ物質が調べられて

います．複数の脂肪の混合物で，安寧フェロモンともよばれています．

　分娩後の母親の乳房から分泌されるフェロモンは，母性フェロモンとして視覚や聴覚の発達していない新生仔に乳房の場所を知らせると同時に，抗不安効果によって我が子を安心させる効果をもちます．母性フェロモンは，母子の絆をより深める作用をもった，哺乳類に共通して存在するフェロモンと考えられます（横須賀・斉藤，2010）．

3.3 プライマーフェロモン

3.3.1 プライマーフェロモン効果

　哺乳類におけるプライマーフェロモンの効果は一般の人にはなじみがないと思いますが，実験動物のネズミなどで研究は活発に行われています．哺乳類のプライマーフェロモン効果の代表的なものを次に示します．ほとんどが発見者の名前にちなんでよばれています．残念ながら，フェロモン効果を引き起こすフェロモン物質については明らかになっていないものがほとんどです．

- リー・ブート（Lee-Boot）効果：雌のマウスを雄から完全に離しておくと性周期（通常4〜6日周期）が次第に長く7日以上になり，場合によっては非発情状態になります．雌マウスのフェロモンは尿中に多く存在し，それが他の雌マウスに作用して性周期を遅らせます．
- ホイッテン（Whitten）効果：リー・ブート効果を補完する効果．雄マウス尿中のフェロモンは，雌マウスだけの群居生活で非発情状態にある成熟雌に発情を誘起します．また，性周期も短くなります．
- ヴァンデンバーグ（Vandenbergh）効果：離乳後，雌マウスのみで集団生活している場合，性成熟までに50日以上必要となりますが，雄が同居すると40日以内で性成熟に達します．雄マウスの尿中のフェロモンは幼若雌マウスの性成熟を早めます．
- ブルース（Bruce）効果：雌マウスは，交尾後着床までの4〜5日の間に交尾相手と異なる雄の匂い（フェロモン）を嗅ぐと，着床が阻害され妊娠続行が不可能になります．

- 雄効果：ヤギのように季節繁殖する動物で，雄由来のフェロモンが非繁殖期にある雌を発情するように誘導します．
- 寄宿舎（寮）効果：雌のマウスやラットを集団飼育すると性周期が同期します．この効果はヒトでも存在が認められています．

次項からは特に，日本人により研究が進められているブルース効果と雄効果について詳しく触れます．なお寮効果については第6章で紹介します．

3.3.2 ブルース効果

雌のマウスは交尾後，交尾相手の雄のフェロモンに曝されても正常に妊娠が維持され出産します．しかしながら，交尾相手と異なる雄のフェロモンを曝露されると，妊娠の成立が阻止されます．この現象はブルース（Bruce, 1959）によって見い出され，その名をとって**ブルース効果**とよばれています（図3.4）．雌マウスは交尾後着床までの間（およそ4～5日）に，交尾相手と異なる雄のフェロモンに曝露されると，そのはたらきで内分泌系の脳中枢である視床下部の正中隆起からドーパミンとよばれる物質が，正中隆起と下垂体を連絡する血管の門脈に放出されることになります．門脈で血流に乗ったドーパミンは下垂体に作用して，それが下垂体から分泌されるホルモンであるプロラクチンの分泌を抑制します．この結果，本来卵巣からのプロゲステロン（黄体ホルモン）の分泌を促進するプロラクチンが作用しないため，卵巣からのプロゲステロンの分泌も抑制され，着床が阻害されて妊娠が不成立に終わってしまうのです．このメカニズムはフェロモンが内分泌系に影響を与えるプライマー効果の典型です．交尾相手の雄のフェロモンでは，この現象は起きることなく妊娠が維持されます．雌マウスは交尾時に嗅いだ交尾相手の雄のフェロモンを記憶しており，この結果，交尾時に記憶したものと同じフェロモンに曝露されても妊娠阻止は起きないのです．このために妊娠が維持されると考えられています（椛，2007）．

高知大学医学部の椛秀人教授らのブルース効果に関する研究結果から，我々はフェロモンが記憶されている事実に興味をもち，記憶の神経機構の解明のモデルになり得ると考え研究を進めています．この内容は第7章で紹介します．

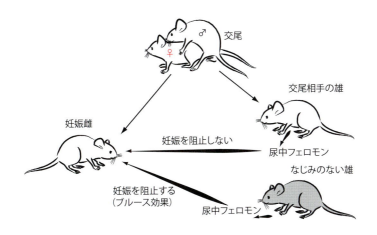

図 3.4 ブルース効果
雌のマウスは交尾後，交尾相手の雄のフェロモンに曝露されても正常に妊娠が維持され出産する．ところが，交尾相手と異なる雄のフェロモンに曝露されると妊娠の成立が阻止される．市川（2008）より改変．

3.3.3 雄効果

　ヒツジやヤギは季節繁殖をするため，交尾期とよばれる特定の時期にだけ生殖腺が活動状態になり，他の時期は雌の生殖腺は休止状態になります．この非繁殖期の雌の群れに，成熟した元気のよい雄を導入すると，卵巣の活動が活発になり発情周期が回帰します．この現象はいわゆる"雄効果"として古くから知られていました．その後，雌の嗅覚を遮断すると雄の影響が消失します．一方で，雄から刈りとった被毛だけでも十分な効果があることなどが明らかにされ，雄が放つ匂いシグナル，すなわちフェロモンによりこの作用が仲介されていることがわかりました．

　雄効果を引き起こすフェロモンの脳内のターゲットは，自律系内分泌系の中枢である視床下部内部の GnRH（生殖腺刺激ホルモン放出ホルモン）パルスジェネレーターとよばれる部位です．この部位では，フェロモン受容のシグナルが伝達されると，この部位に存在するニューロン活動が上昇します．この影響で視床下部からの GnRH および下垂体からの黄体形成ホルモン（生殖腺刺激

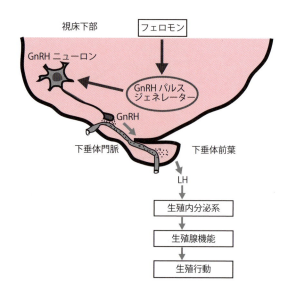

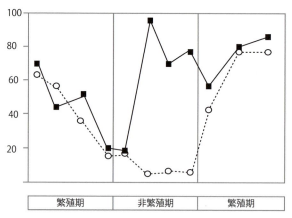

図 3.5 雄効果
上：雄効果フェロモンのターゲットは視床下部の GnRH パルスジェネレーターとよばれる部位にあり，フェロモンの情報が刺激となり神経活動が高まる．この神経活動の上昇は GnRH ニューロンからの GnRH の分泌を亢進し，さらに LH の分泌亢進を経て，最終的には生殖機能（排卵）が誘起される．下：ヒツジの雄効果の例．図の縦軸は，排卵周期を示した雌の割合．非繁殖期には，ほとんどの雌は排卵周期を停止している（白丸点線）が，雄を導入する（矢印）と，繁殖周期が開始する（黒四角）．市川（2008）より改変．

ホルモンの1つ)のパルス状分泌の亢進というカスケードを経て,最終的には卵巣からの排卵が誘起されることになります(図3.5).計測法の詳細等は第8章で述べます.雄ヤギの皮膚から酵素処理によって皮脂腺のみを単離し,その抽出物の検定を行ったところ,皮脂腺の脂溶性成分に活性が認められました.したがって,被毛に付着している雄効果フェロモンの産生源は皮脂腺です.最近になって,ようやくヤギの雄効果を示すフェロモン分子が明らかになりました.森裕司教授の20年におよぶ研究の成果です(Murata *et al*., 2014).その物質は,4−エチルオクタノール(4-ethyloctanal)です(図3.3).

プライマーフェロモンの効果は,フェロモンの刺激を受容器がキャッチした後,脳神経系を経て内分泌系に作用し,数時間から長いものでは数日かけて効果が現れます.生物検定システムによい方法がないとなかなかフェロモンの同定が難しいのが現状です.こういう意味からも,ヤギのプライマーフェロモンの同定の成果は画期的なものといえます.

3.4 哺乳類以外の脊椎動物のフェロモン

哺乳類以外の脊椎動物でいくつかのフェロモンが同定されています.その中で代表的なイモリとキンギョのフェロモンを紹介します.

3.4.1 イモリのフェロモン

両生類の中で,アフリカツメガエル(*Xenopus*)は実験動物として広く用いられているため,嗅覚系・鋤鼻系に関する研究も他の両生類と比較して格段に進んでいるといえます.しかし,残念ながら*Xenopus*の行動や生理的変化を引き起こすようなフェロモン分子はまだ同定されていません.両生類の中でフェロモンとしてすでに同定されているのは,アカハライモリ(*Cynops pyrrhogaster*)のソデフリンとtree frogの一種(*Litoria splendida*)のsplendipherinであり,いずれもペプチドフェロモンです.ソデフリンは10アミノ酸から構成され,雄の腹部肛門腺から外部へ放出し,雌を誘引する効果をもちます.splendipherinも誘引フェロモンであり,この効果も雄から雌に対するものです.splendipherinは25アミノ酸で構成され,雄の皮膚にある

第3章 匂いコミュニケーションを司るフェロモン

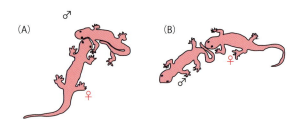

(C) Ser-Ileu-Pro-Ser-Lys-Asp-Lys-Asp-Ala-Leu-Leu-Lys

図 3.6 アカハライモリの求愛行動とフェロモンのソデフリン
A：雄は雌雄を識別し，成熟した雌であれば自分の頸の側面を雌の鼻先に近づけ，尾を小刻みに震わせる．B：尾を小刻みに震わせている最中に，肛門腺から分泌されるソデフリンを雌に送っている．雌はソデフリンに引きつけられ雄の後に追従する．C：ソデフリンのアミノ酸配列．市川（2007）より改変．

外分泌腺から分泌されます．このように水中で繁殖行動を行う動物にとって，可溶性でありなおかつ容易に種差をもたせ得るという点から，ペプチドはフェロモン分子として適していると思われます．

　ソデフリンは先に述べたようにアミノ酸残基10個のペプチドです（図3.6）．ソデフリンという名は，万葉集に収められた額田王の歌「茜さす　紫野行き　標野行き　野守は見ずや　君が袖振る」の袖振るが男性（雄）が相手女性（雌）の注意を引きつける動作であることから，発見者の菊山栄教授（早稲田大学）により命名されました．

　ソデフリンは雄の腹腺でつくられ，内腔に放出されます．雄は成熟した雌に近づき，頸の側面を雌の鼻先にこすりつけ（図3.6），あるいは尾を小刻みに震わせます．この際に肛門腺からソデフリンが放出されます．雌はソデフリンに引きつけられ，雄に追従することになります．雌をともなった雄は立ち止まり，精子塊を放出します．追従する雌はこの精子塊を受け入れることにより受精可能となります．ソデフリンの放出や感受性の感度はホルモンの調節を受けているらしいこともわかっています．

3.4.2 キンギョのフェロモン

魚類は水中で生活するので,匂い分子やフェロモン分子は水溶性です.アミノ酸や核酸などが魚類の匂い分子として挙げられています.いずれも魚類が餌の匂いとして受容すると考えられます.

キンギョのフェロモン分子として2種類の分子が同定されています. 4-pregnen-17-20-diol-3-one (17, 20-P) という*ステロイド*の分子とプロスタグランジン (prostaglandin F2, PGF) です.どちらの物質も雌キンギョから放出されますが,前者は雄精巣からの精子分泌量を増加させる作用があり,後者は雄を誘引する効果があります (図 3.7).17, 20-P は雌の体内では生殖腺ホルモンとしてはたらきます.生殖腺刺激ホルモン (GTH) により 17, 20-P の分泌が亢進され,卵の最終的な成熟を促します.同時に 17, 20-P は雌の体外に放出され雄に到達し,精子の量を増大させます.また,雌は排卵の時期に PGF を放出し,これが雄を誘引する作用となります.その結果,誘引された雄が放精することにより効率よく生殖を行います.

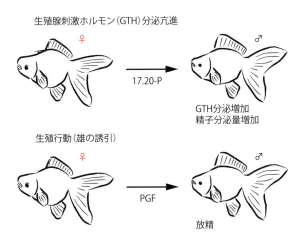

図 3.7 キンギョのフェロモン作用
17, 20-P は,キンギョ雌の体内では生殖腺ホルモンとしてはたらいて卵を成熟させる.また,生殖腺刺激ホルモン (GTH) 分泌の亢進とともに雌の体外にも放出され,雄の精巣からの精子の分泌量を増加させる作用がある.雌は排卵の時期にプロスタグランジン (PGF) を放出する.PGF は,雄を誘引する作用がある.市川 (2007) より改変.

3.5 フェロモン作用機序解明への展望

　ここまでで，フェロモンが動物のコミュニケーションに有用な役割を演じていることが理解できたと思います．しかし，カイコガでボンビコールが発見されてから半世紀が過ぎた現在でも，脊椎動物，特に哺乳類では，フェロモンがかかわっていることが明らかなのにフェロモンが同定されていないため，フェロモンの作用メカニズムが不明なケースがほとんどです．今後，これらのフェロモン物質を同定し，その作用機序の解明により，フェロモンとしての特性が理解されることが望まれます．本章で，いくつかのフェロモン物質について説明してきました．揮発性の低分子から，ステロイド系の代謝物，ペプチドなど，構造的にもさまざまです．また，放出源も，尿，汗，唾液，涙といろいろな腺から発せられます．第2章でも述べましたが，動物の身体にはさまざまな分泌器官があり，そこから体外へ多くの匂い物質が放出されています（図2.3参照）．さらに多くの場合，これらの物質がブレンドされて効果を発揮します．昆虫のように1種の分子でフェロモン効果を引き起こすことは稀なのです．特定の効果を引き起こすためには，性，齢，個性，種，さらに生理的状態を情報として提示する必要があるため，複数の物質がブレンドされたものが必要となるのでしょう．1種の化合物をフェロモン候補物質として動物に曝露しても反応しにくいのは，複数の化合物が必要とされるからと思われます．

　また，放出されたフェロモンを受容する側も，いつでもフェロモンの効果が発揮されるわけではありません．フェロモンを受容器で受けとるためには受容体が存在しなければならず，その情報を理解するための脳内神経回路が完備されていなければなりません．この神経回路は，環境やホルモン等の影響を受けて変化しやすいいわゆる可塑性という性質を保有しています．したがって，フェロモンを利用したコミュニケーションには，フェロモンを放出する側と受け手側がタイミングよくマッチングした際に効果を発揮するような，巧妙なしかけが必要とされています．

　次章では，受け手側にとって重要な，フェロモンを受容し，情報を発現するための神経系について紹介します．

▶▶▶ Q & A ◀◀◀

Q 雄ブタから出るアンドロステノンが，交尾姿勢をとるように誘引するとあります．アンドロステノンが高濃度に含まれるトリュフを探すということは，交尾姿勢をとるだけではなく，雌が雄を探す目印となっているのでしょうか．

A 繁殖期を迎えた雌ブタは，雄ブタの唾液中に高濃度にあるアンドロステノンの匂いを好み，嗅ぐと発情します．これを経験した雌ブタにとって，アンドロステノンは雄を探す目印になっているのでしょう．

Q リリーサーフェロモン，プライマーフェロモンという名前の由来は何ですか．

A 1959 年のフェロモンの定義を決めた会議で，フェロモンの作用を考慮して 2 種に分類されました．前者はボンビコールのように，作用が短時間で行動に現れるフェロモンで，「矢を弓から放つように即座に反応する」ということからリリース release を用いています（前述）．一方，後者は作用してから反応までに長い時間がかかるフェロモンです．そこで，ダイナマイトを爆発させる際などに利用する導火線にたとえて，プライマー primer を用いています（導火線は着火してから爆発までの時間がかかるため，この言葉が用いられているようです）．

Q 電撃フットショックをラットに与え，ラットを取り出して新しい動物を入れるとその動物にもストレス反応が見られるとあります．ラット以外の異種の動物を入れても同じ反応が見られるのですか．

A 実際にはわかりません．新しいラットの代わりにマウスを入れたら，単純にラットの匂いだけで十分怖がりそうです（ラットはマウスの天敵であるため）．嗅覚ではありませんが，鳥類や哺乳類が発する天敵の到来を同種他個体に告げる警戒音を聞いて保身するトカゲなどが知られています．トカゲ自身は全く鳴き声を出さず，音声コミュニケーションをとらないのに，別種の警戒音を理解しているのです．本来警報フェロモンは同種他個体に作用させるものですが，同じ環境下で過ごす動物が，ちゃっかりラットの警報フェロモンを利用していてもおかしくありません．その場合は他種他個体のコミュニケーションとなるので，フェロモンとはいいませんが．

Q マウスの主要尿タンパク質の話がありましたが，よくある健康診断の試験紙で検尿するとタンパク混入が陽性になるくらいの量なのでしょうか．

第3章 匂いコミュニケーションを司るフェロモン

A ヒトの検尿検査でタンパク量が 150mg/ 日を超えると陽性です．尿量は 500〜2000ml が標準値です．マウスは主要尿タンパク質（MUP）を日に数 mg 排出します．尿量は約 0.5ml といわれています．人間に換算すると数千 mg/ 日になります．人間でこの濃度だと腎炎等の疑いで緊急入院です．マウス MUP の主要成分は 18-20kDa のリポカリンタンパク質です．リポカリンタンパク質は，三次元的にポケット構造をもち，その中に生体機能分子を取り込んで輸送するはたらきをもっています．

Q リー・ブート効果で，雌マウスのフェロモンが他の雌に作用し，性周期が遅れるとあるのですが，これは作用された雌にとってメリットがあることなのでしょうか．

A 現象が報告されているだけで，生物学的意義は明確ではありません．発情期がおとずれても雄がいない雌のみの集団では無意味なので，発情期の回数を減少させ，体力温存または卵の保存のためお互いの間で性周期を長引かせていると考えられます．そう考えるとお互いのメリットとなっているのでしょう．

Q ブルース効果で交尾相手と異なる雄マウスについての質問です．マウスでは近交系など遺伝的に均一な系統が使われていると思いますが，系統の異なる雄ということでしょうか．また，クローンマウスを使うと結果はどうなるのでしょうか．

A そのとおりです．交尾相手と異なるマウスとは，系統の異なるマウスです．遺伝的に離れた系統の雄ほど効果があるといわれています．同系統の雄では，個体が異なってもブルース効果は起きません．記憶しているのは「系統」です．クローンマウスの実験はありませんが，この場合ブルース効果は起きないでしょう．また，近交系でない野生（雑種）マウスでの実験はありませんが，この場合は「個体差」を記憶する可能性はあります．

Q イモリのフェロモンはペプチドとのことですが，化学物質としての安定性は問題ないのでしょうか．

A ペプチドフェロモンは水に溶けた状態で機能します．空気中に拡散しませんので，イモリのように水棲動物のフェロモンに多いのです．雄マウスの涙腺に分泌される EPS1 はペプチドフェロモンです．空気中に拡散しないペプチドフェロモンをキャッチするため，雌は雄の顔に接触してこのフェロモンを鼻腔に取り込みます．この行為がお互いの顔を嗅ぎ合うという行動となるわけです．ペプチドの安定性を決めるのは，温度，pH，タンパク質分解酵素の有無です．生物が普通に

生息できる環境であれば，温度やpHはさほど問題にならないでしょう．そうなると問題はタンパク質分解酵素の有無ですので，たくさんの動物が生息しているような濁った水中では分解されるのが早いと考えられます．ソデフリンはリリーサーフェロモンで一連の交尾行動を引き起こすためのものなので，その都度分泌すればさほど持続性は必要ないと思います．

　脊椎動物では，複数の匂い物質がブレンドされて効果を発揮するとありますが，使い回される物質はあるのでしょうか．

　フェロモン物質が数多く同定されていないので正確にはわかりません．しかしながら，ある動物種間で共通に使われる物質は存在すると考えられます．たとえば，雌の発情期を示すステロイド物質はかなり共通して使われていると思います．ただし，分泌量などは異なると思います．発情雌ブタがアンドロステノンを放出していても，他の動物が交尾をすることはありません．ブレンドされている他の物質により行動は抑制されます．当然，視覚・聴覚などの感覚情報も役立ちます．生息環境が異なり自然状態では出会う可能性のない動物は，同じ複数の匂い物質がブレンドされている場合も考えられます．

4 フェロモンを感じる機構

　この章の本題に入る前に，まず第 3 章で登場したフェロモンの定義をおさらいしておきます．フェロモンとは，

1. 同種他個体から分泌される
2. 特定の受容器で受容される
3. その情報は脳で処理される
4. 神経系または内分泌系に作用し行動や生理機能に特定な反応を引き起こす

という，4 つの条件を満たした物質です．

　では，特定の受容器とは何でしょうか？　一般的な哺乳類の場合，匂いやフェロモンなどの外界の化学物質は，鼻腔にある組織で受容され，餌に含まれる味成分は口腔で受容されます．フェロモン受容に進む前に，まずは大まかに鼻腔の構造を解説します．

4.1　鼻腔の構造

　哺乳類の鼻腔は，嗅覚器としてだけではなく，呼吸器としても機能しています．外界と鼻腔を結ぶ孔を"外鼻孔"，鼻腔と気管を結ぶ孔を"内鼻孔"といいます．息をすると，外鼻孔から内鼻孔に向け空気の流れが生じます．その空気の中に含まれる化学物質を匂いとして感知できるようになっています．鼻腔の内部構造についてマウスの例を見ながら解説します（図 4.1）．左右 1 対の鼻孔は鼻中隔で隔てられています．鼻腔の入口付近は広い空洞となっています

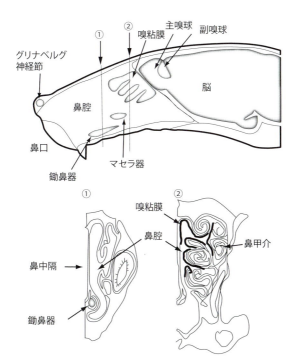

図 4.1 マウス鼻腔の構造模式図
上段：マウス頭部を正中線から見た模式図．それぞれの嗅覚器および投射先の 1 つを示す．
図中の点線部分の横断面組織構造を下段①，②に示す．嗅粘膜（②黒塗り部分）はすべて
の鼻甲介上にはない．市川（2008）より改変．

が，奥にいくに従って構造が変わってきます．鼻腔の入口付近はおもに呼吸粘膜という上皮組織で覆われていて，嗅覚受容は行っていません．奥へ進むと，鼻甲介という軟骨組織が複雑な構造をつくり上げています．嗅覚受容を行う嗅粘膜という器官は，この鼻甲介上に存在しています．鼻甲介は嗅粘膜の表面積を増大するために発達したといわれており，動物種固有の形で，嗅覚の鋭敏な動物ほど複雑で表面積が広くなっています．イヌがマウスより複雑で大きな鼻甲介をもつ一方，サルはマウスより単純な鼻甲介をもち，嗅粘膜も鼻腔の上部付近にわずかに存在するのみです．どちらの嗅覚が優れているかはいうまでもありません．

　マウスの鼻腔には，嗅粘膜以外に化学感覚受容を行う器官があります．鋤鼻器（VNO），グリナベルグ神経節（GG）やマセラ器（SO）などです（Chamero

column 鼻腔に存在する化学感覚器

鼻腔には嗅粘膜，鋤鼻器以外の化学感覚器が存在します．

マセラ器（septal organ, SO）は，齧歯類や有袋類でその存在が確認されています（Ma et al., 2003）．嗅上皮が存在する位置より外鼻孔近くに存在するため，素早く感知する必要のある物質を受容すると考えられています．マセラ器はおもに嗅覚受容体が発現していますが，鋤鼻受容体も発現しています．

グリュネベルグ神経節（Grüneberg ganglion, GG）は，マウスの鼻腔の先端部分にある感覚器です．そこでは，危険を知らせる警報フェロモンや体温感覚，二酸化炭素などを感知しているといわれています（Brechbuhl et al., 2008; Fuss et al., 2005）．嗅覚受容体や鋤鼻受容体だけでなく，微量アミノ酸受容体（TAAR），ホルミルペプチド受容体（FPR），受容体型グアニル酸シクラーゼD（GC-D）などといった受容体も発現しており，さまざまな様式で感覚受容にかかわっています．

TAAR，FPRは嗅覚受容体や鋤鼻受容体とは相同性の低い受容体で，一般的には，TAARは嗅上皮にありアミン系の物質を（Liberles and Buck, 2006），FPRは鋤鼻器にあり腐敗臭を受容するといわれています（Riviere et al., 2009）．GC-Dは他の受容体とは異なり，1回膜貫通型の受容体で嗅上皮中に点在し，二酸化炭素などを受容すると考えられています（Zufall and Munger, 2010）．

4.2 匂い物質を受容する嗅粘膜

嗅粘膜の感覚を司る上皮構造を**嗅上皮**とよんでいます．嗅上皮は，**嗅ニューロン**といわれる感覚受容細胞（神経細胞）とそれを支える**支持細胞**（神経細胞ではない），**基底細胞**（神経幹細胞）などで構成されています．嗅ニューロンは**繊毛**をもっており，そこに匂い物質を受容する嗅覚受容体（第4.4節で詳細説明）が発現しています．繊毛は，**ボウマン腺**と呼ばれる分泌腺から放出された粘液に覆われています（図4.2）．粘液層に溶け込んだ化学物質が繊毛上の嗅覚受容体へ到達し，嗅覚受容体が嗅覚物質を受容すると，嗅ニューロンが興奮し，その電気的情報が一次中枢である主嗅球へ運ばれます．

4.2 匂い物質を受容する嗅粘膜

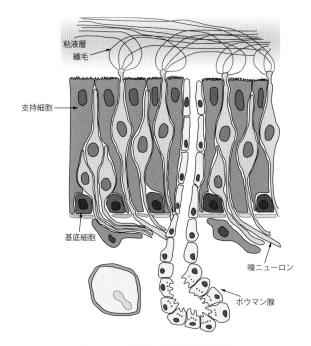

図 4.2 嗅粘膜の基本構造模式図

図 4.2 では，繊毛をもった嗅ニューロンと繊毛をもっていない嗅ニューロンが描かれているのがわかると思います．嗅ニューロンは，神経細胞であり上皮細胞です．嗅ニューロンは，皮膚の上皮細胞が古くなると剥がれて下から新しい上皮細胞が現れる（ターンオーバーする）のと同様に，生涯にわたって生まれ変わります．脳内の神経細胞と異なり，外界と直接接するのでその分ダメージが大きく，長時間正常な状態で生きられないためではないかと考えられています．ヒトの嗅ニューロンは 60 日くらいでターンオーバーするといわれています．図中で描かれた繊毛のある嗅ニューロンは現在化学受容を担っている嗅ニューロンであり，繊毛のない嗅ニューロンはまだ完全に成熟しておらず出番を待っている嗅ニューロンです．鼻風邪などで嗅上皮がひどく傷ついても，しばらくすると生まれ変わり正常に匂いが嗅げるようになるのはそのためです．

4.3　フェロモンを受容する『鋤鼻器』

　多くの哺乳類には，フェロモンを特別に感知する"鋤鼻器（じょびき）"という器官があります．嗅上皮より前方の底面，口蓋寄りに存在しています（図4.1）．最初の発見者の名前にちなんで"ヤコブソン器官"ともよばれていました．

　鋤鼻器は左右2対で，鼻腔中央の鼻中隔に沿って存在している管状の組織です．マウスの鋤鼻器を輪切りにしてみると，鋤鼻腔とよばれる空洞があって，感覚上皮と非感覚上皮が向き合っています（図4.3）．鋤鼻器の感覚上皮である鋤鼻上皮も，嗅上皮と同じような組織構造をしていますが，いくつか相違点があります．1つは，感覚受容細胞である鋤鼻ニューロンには，繊毛ではなくもっと短くて細い微絨毛という突起があること，もう1つは，嗅上皮ほど基底細胞が多くないことです．マウスの場合，基底細胞は感覚上皮と非感覚上皮の境目，エッジ部分に多くあるとされています．フェロモンは，鋤鼻腔に突出した鋤鼻ニューロンの微絨毛上の鋤鼻受容体（第4.4節で詳細説明）に受容され，興奮が伝達されます．

　さて，フェロモンはどこから入ってくるのでしょうか？　哺乳類の場合，鋤鼻器の入口の様式は2つのタイプに分かれます．1つは鼻腔に開口しているタイプ（マウスなど），もう1つは切歯管という口腔と鼻腔を結ぶ管に開口しているタイプです（ヤギをはじめ多くの動物；図4.4）．鋤鼻腔の最後部はどちらもどん詰まりになっています．そのため，1度鋤鼻器に取り込まれた物質は長くとどまると思われます．鋤鼻器の基本的な構造はどの動物も似ていますが，それぞれの動物種が受容するフェロモン物質の性質に応じて異なっています．

　現在，鋤鼻器の機能に関する研究はおもにマウスを使って行なわれています．その理由は，① 実験動物として利用しやすい，② 遺伝学的手法が確立しているので遺伝学的アプローチが可能，③ 哺乳類の中で最も鋤鼻器が発達している動物の一種である，などによります．しかし，マウス鋤鼻器の特徴を理解すれば，すべての哺乳類のフェロモン受容が理解できるわけではありません．感覚器はその動物種独特の行動を制御する器官なので，当然といえば当然です．

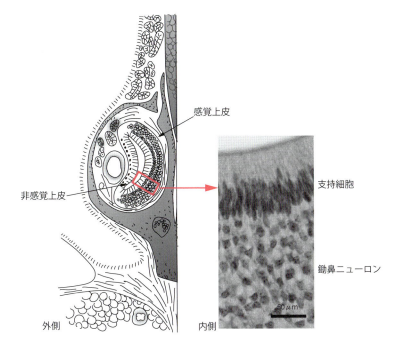

図 4.3　ラット鋤鼻器の構造模式図（左）と感覚上皮の組織像（右）
感覚上皮と非感覚上皮の境にある細胞（グレー）部分に幹細胞がある．市川（2008）より改変．

極端な例では，哺乳類の中には鋤鼻器がない動物もいます．イルカなど海を生息域とした哺乳類の仲間や，空を飛ぶコウモリ，私たちヒトを含む色覚が発達した類人猿や旧世界ザルの仲間などです．ほとんどの哺乳類は一色または二色色覚で，緑色と赤色を見分けることができません．旧世界ザルと類人猿は三色色覚なので，色の違いを読みとることができます．そのため，色覚でフェロモンに変わる情報を得ていると考えられます．発情期になると雌ザルのお尻が赤く腫れあがることは有名ですよね．また，イルカやコウモリは，"超音波"を感知する別の感覚器が発達しています．そのため鋤鼻器は必要でなくなったのかもしれません．もしくは，海中や空中では効率よく鋤鼻器が機能しないのかもしれません．

このように，いくつか例外はありますが，多くの哺乳類にとって鋤鼻器がフ

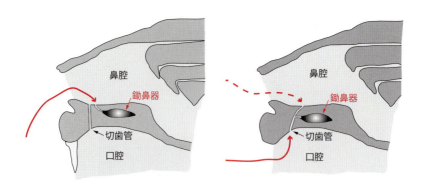

図 4.4　鋤鼻の開口部と切歯管の位置関係
マウス・ラットのように鼻腔に開口している動物（上段）と鼻腔と口腔を結ぶ切歯管に開口している動物（下段）がいる．

ェロモン受容器として機能することはとても大切です．

4.4　嗅覚受容体と鋤鼻受容体

　フェロモン受容の話をする前に，まず簡単に嗅覚受容について説明したいと思います．"匂い"とは，嗅覚器である鼻腔に入ってきた化学物質が嗅上皮上の嗅覚受容体に受容され，その情報が脳に到達したことで感じる感覚です．**嗅覚受容体**は 1991 年に Axel と Buck によって発見されました（その功績により 2 人は 2004 年にノーベル医学生理学賞を受賞しています；Buck and Axel, 1991）．嗅覚受容体が発見される前は，細胞外に存在している匂い物質が嗅ニューロンをどうやって興奮させているのかわかっていませんでした．嗅覚受容体の発見により，細胞膜表面に受容体があり，受容体に匂い分子が結合すると嗅ニューロンが興奮するとわかったのです．ラットを使用して発見された嗅覚受容体は，**7 回膜貫通型の G タンパク質共役型受容体（GPCR）**に属しており，巨大な遺伝子ファミリーを形成していることがわかりました．マウスやラットは 1000 以上の嗅覚受容体遺伝子をもっていました（column「7 回膜貫通型 G タンパク質共役型受容体」）．

　嗅ニューロンには面白い性質があります．1 つの嗅ニューロンは，1 種類の

解説　繊毛と微絨毛

　繊毛と微絨毛はいずれも細胞外に突出した毛状の構造物です．繊毛のほうが太く長いという単純な形態的特徴で分けられているのではなく，それぞれは異なった細胞骨格（内部構造）をもっています．繊毛は，チューブリンというタンパク質を中心に構成された筒状の細胞骨格（微小管）を軸に形成されています．断面図を電子顕微鏡で観察すると，9つの二連微小管と2つの単微小管（9＋2構造）からなる構造を確認できます（図）．二連微小管の間はダイニンというタンパク質でつながれており，ダイニンが微小管上を滑ることで運動性が生まれます．繊毛には感覚性繊毛と運動性繊毛があり，嗅ニューロンにあるのは感覚性繊毛です．

　一方微絨毛は，アクチンというタンパク質から構成されたアクチンフィラメントが平行に束になった細胞骨格で構成されています（図）．繊毛のような運動性はありません．細胞骨格系が異なるため，細胞骨格を介して結合するタンパク質群も異なっており，能動的に運ばれる機能タンパクも異なっていると考えられます．

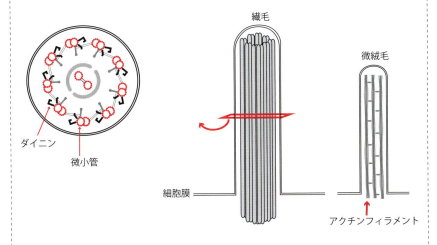

図　繊毛と微絨毛の細胞骨格
繊毛の断面図を見ると微小管の9＋2構造がよくわかる．アルバーツ B 他（2004）『細胞の分子生物学』より改変.

嗅覚受容体しか発現しません．さらに，父方，母方から相同な遺伝子を受け継いでいても，片方の遺伝子しか発現しないのです（Chess et al., 1994; Serizawa et al., 2004）．つまりマウスの場合，ゲノム上に1000以上の嗅

覚遺伝子が2対ずつ存在するので，1つの嗅ニューロンに発現する嗅覚受容体は約1/2000の確率で選ばれるということです．この現象を"1ニューロ

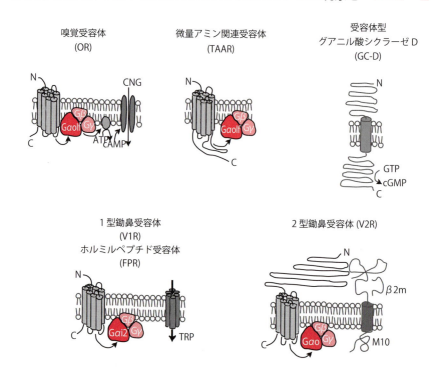

受容体タイプ	OR	TAAR	V1R	V2R	FPR	GC-D
共役Gタンパク質	Gαolf	Gαolf	Gαi2	Gαo	Gαi2	-
リガンド	揮発性物質	アミン	揮発性物質	ペプチドなど	ホルミルペプチド	CO_2など
発現組織	嗅上皮 マセラ器 鋤鼻上皮 GG	嗅上皮 GG	鋤鼻上皮 GG 嗅上皮 マセラ器	鋤鼻上皮 GG 嗅上皮 マセラ器	鋤鼻上皮	嗅上皮 GG

図4.5　**嗅覚関連受容体**
嗅覚受容体や鋤鼻受容体以外に微量アミン関連受容体（TAAR），ホルミルペプチド受容体（FPR），受容体型グアニル酸シクラーゼD（GC-D）などがあり，特殊なリガンド受容にかかわっている．受容体の種類によって共役するGタンパク質は異なる．ホルミルペプチドはいわゆる腐敗臭にあたる．Principles of Animal Communication 2nd edition Chapter 6: Chemical Signals (http://sites.sinauer.com/animalcommunication2e/index.html) より改変.

ン 1 レセプター説"といいます．機能的な嗅覚受容体が 1 種類発現すると，それ以外の受容体の発現を抑制する機構があると考えられています (Magklara and Lomvardas, 2013; Mori and Sakano, 2011)．

「では，フェロモンは匂いと同様に受容体があるのだろうか？」と Axel の研究室に所属していた Dulac は，フェロモン受容体の発見を試みました．フェロモンを受容するものも嗅覚受容体と似ていると考えて探索を行いましたが，うまくいかなかったようです．そこで，彼女は，フェロモンを受容する受容体は，① 鋤鼻器で発現していて，② それぞれの鋤鼻の細胞は別々の受容体を発現している（嗅覚受容体の "1 レセプター 1 ニューロン説" に準じている），という仮説を立てて再度研究に挑みました．

この仮説を証明するために，鋤鼻ニューロンごとに単一細胞 cDNA ライブラリーを作成しました．当時の技術ではかなり難しかったと思います．そして，たとえば A という鋤鼻ニューロンで発現していて，B，C，D，E という鋤鼻ニューロンでは発現していない遺伝子をスクリーニング，という方法で，"putative（推定上）なフェロモン受容体" を同定しました (Dulac and Axel, 1995)．現在では，"鋤鼻受容体" と表現されるようになったその受容体は，嗅覚受容体と同様 GPCR でした．しかし，嗅覚受容体の遺伝子配列との相同性は高くありませんでした（そのため，最初の方法では見つけられなかったのです）．さらに 1997 年には，鋤鼻器に発現する別のタイプの受容体が発見されました (Herrada and Dulac, 1997; Matsunami and Buck, 1997; Ryba and Tirindelli, 1997)．最初に発見された受容体のグループを 1 型鋤鼻受容体（V1R），後のものを 2 型鋤鼻受容体（V2R）とよぶことになりました（図 4.5）．V1R は，細胞表面に突き出る N 末端とよばれる構造が短く，V2R は N 末端が長いのが特徴です．V2R は，代謝型グルタミン酸受容体（脳に多く存在し，興奮性伝達物質であるグルタミン酸を受容する GPCR）と似ていたことから，アミノ酸やペプチドなどを受容しているだろうと予想されました．この 2 種類の受容体は，マウスでは V1R が 187 個，V2R は 121 個確認されています．V1R と V2R の相同性はなく，独自に進化したと考えられています．

マウスやラットでは，鋤鼻上皮の上層に V1R を発現する鋤鼻ニューロンが

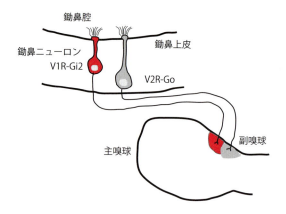

図4.6 齧歯類の鋤鼻受容体投射パターン
鋤鼻上皮の上層に存在するV1R-Gαi2発現ニューロン（赤色）と下層のV2R-Gαo発現ニューロン（灰色）は，副嗅球の吻側（赤色）と尾側（灰色）に分かれて投射する．市川（2008）より改変．

存在し，下層にV2Rを発現する鋤鼻ニューロンが存在します．そして，それぞれの情報は交わることなく次の投射先である副嗅球という脳の場所へ運ばれます（図4.6）．

では，マウスやラット以外は？　というと，ほとんどの哺乳類の鋤鼻上皮ではマウスのように2層には分かれていません．というのは，V2Rという鋤鼻受容体は，齧歯類やオポッサムなどの有袋類を除くと多くの哺乳類では偽遺伝子なのです．偽遺伝子とは，遺伝子配列に欠失や挿入があって完全長のタンパク質が形成できなくなった遺伝子のことです．その遺伝子の機能を失ってもその生物が生きていけるということは，進化的に不要となった遺伝子と考えられます．V2Rはカエルなどの両生類で多いことがわかっています．生息域の陸生化と個体の大型化にともなってV2Rは退化したのかもしれません．また，ヒトを含む類人猿には鋤鼻器がないか痕跡程度ですが，V1Rの遺伝子は数個もっています．これらについては第7章で詳細に述べたいと思います．

4.5 鋤鼻受容体がフェロモンを感じる仕組み

鋤鼻腔に入ったフェロモンは，鋤鼻受容体が発現する鋤鼻ニューロンで受容

されます．GPCR である鋤鼻受容体は，G タンパク質 α，β，γ の 3 つのサブユニットと共役しています（column「7 回膜貫通型 G タンパク質共役型受容体」）．α サブユニットは複数種類存在し，その種類によって二次的な細胞内情報伝達（セカンドメッセンジャー）経路が異なっています．V1R は α サブユニットが Gi2 タイプ，V2R は Go タイプと共役しています（図 4.5）．Gi2 と Go は比較的似ていて，細胞内情報伝達はホスホリパーゼ C を介した細胞内のカルシウム上昇という形で起こります（図 4.7）．一方，同じ GPCR であ

7 回膜貫通型 G タンパク質共役型受容体（GPCR）

7 回膜貫通型 G タンパク質共役型受容体（GPCR）とは，細胞膜表面にある細胞表面受容体（第 1 章 Key Word「受容体」参照）の一種で，ゲノムに最も多く存在する受容体遺伝子の産物です．すべての GPCR に共通していえるのは，細胞膜を貫通する疎水性アミノ酸リッチな 7 つの "膜貫通ドメイン" と細胞外に突出する親水性アミノ酸リッチな "細胞外ドメイン"，細胞内でシグナルの伝達に関与する "細胞内ドメイン" があることです．基本構造に特徴があるため，遺伝子配列を調べることで，GPCR の予想がつけられます．網羅的なゲノム解読が行われた結果，GPCR であることはわかったものの，そのリガンドや機能が不明なオーファン受容体（"迷子" の意）がたくさん発見されました．GPCR は細胞外の情報を受けることから，創薬のターゲットとなり得るため，製薬会社などで盛んに研究が進められています．

GPCR は，膜貫通ドメインや細胞外ドメインから立体構築されたリガンドの結合部位をもち，リガンドの結合にともなう立体構造の変化を情報として細胞内へ送ります．受容体分子は，細胞内で G タンパク質と共役しています．G タンパク質は，α，β，γ の 3 つのサブユニットからなるタンパク質複合体で，複数種類ある α サブユニットの機能に依存して受容体機能や細胞内の情報伝達が大きく異なっています（図 4.5）．G タンパク質の G というのは DNA 配列の ATGC で表される G と同じグアニンのことで，α サブユニットにグアニンヌクレオチドの結合部位があるためにそうよばれています．不活性のときはグアノシン 2 リン酸（GDP）が結合していますが，受容体にリガンドが結合するとグアノシン 3 リン酸（GTP）へと変換され，受容体本体，α サブユニット，β と γ のサブユニット複合体が遊離して，さらなる細胞内応答が進みます（図 1.2, 4.5）．GPCR には，嗅覚受容体や鋤鼻受容体のほか，光を受容するロドプシン受容体や各種神経伝達物質の受容体などがあります．

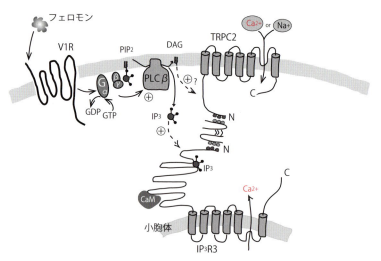

図 4.7　鋤鼻ニューロン内の情報伝達
　フェロモン分子を受容すると最終的に細胞膜表面の TRPC2 と小胞体膜にある IP3R（イノシトール 3 リン酸受容体）の開口により細胞内 Ca^{2+} の上昇が見られる．Mast et al. (2010) より改変．

る嗅覚受容体は，Golf（"ゴルフ"ではなく olfactory（嗅覚）特異的な G タンパク質という意味で"ジー・オルフ"と読む）というαサブユニットと共役しています．Golf はアデニル酸シクラーゼを介してサイクリック AMP 系を活性化しシグナルを伝えます（図 4.5）．前項でそれぞれの受容体が独立に進化してきたと伝えましたが，共役する G タンパク質が異なることからもそれぞれの受容体の独自性が見てとれます．

　さて，鋤鼻ニューロンでの情報伝達に話を戻します．鋤鼻ニューロンには，TRPC2 という特殊なカルシウムチャネルがあります（Liman et al., 1999；図 4.7）．TRP とは transient receptor potential の略で，多様なはたらきを担うイオンチャネルのファミリーの総称です（Numata et al., 2009）．そのうち，TRPC の C は canonical（または classic）の略で，1989 年にショウジョウバエで初めて発見された TRP と相同性が高いサブファミリーになります．哺乳類の TRPC は，7 つのサブタイプが確認されており，さまざまな臓器に発現しています．TRPC2 はおもに鋤鼻器に発現しています．鋤鼻受容体がリガンド（フェロモン）を受容すると，G タンパク質を介したホスホリパー

ゼCの活性化にともなってジアシルグリセロールが生成され，TRPC2チャネルを制御すると考えられています（図4.7）．TRPC2の開口で鋤鼻ニューロンに持続的なカルシウム流入が起こり興奮します．このTRPC2チャネルの特性こそが鋤鼻ニューロンの特性を担っているといっても過言ではありません．嗅上皮の嗅ニューロンは，匂いの感知と分析が重要ですので，いったん興奮したらずっと興奮しっぱなしでは困ります．しかし，鋤鼻ニューロンの場合は，むしろ1度強力に興奮し，情報を伝達することが使命なのだと思われます．

面白いことに，鋤鼻器のない哺乳類のTRPC2は偽遺伝子です．ヒトでも例外ではなく，TRPC2は偽遺伝子となっています（Zhang and Webb, 2003; Yu et al., 2010）．V1RはありますがTRPC2はないので，V1Rを発現している細胞がリガンドを受容しても，TRPC2を介した場合のような持続的カルシウム上昇は起こらないと思います．それではヒトは鋤鼻受容体が機能していないのか，というとそう単純ではなさそうです．まだ報告は少ないのですが，ヒトではV1Rは嗅上皮で発現していると考えられていますし（Rodriguez et al., 2000），嗅覚受容体のように，GolfタイプのGタンパク質と共役し，サイクリックAMP系を介して機能しているといわれています（Shirokova et al., 2008）．

4.6 鋤鼻器から脳の一次中枢へ

嗅覚器の情報は，嗅球とよばれる脳部位に投射します．匂いの情報を受けた嗅ニューロンは主嗅球とよばれる領域へ投射します．一方，鋤鼻ニューロンは副嗅球とよばれる領域へ投射します．副嗅球は嗅球の背尾側に位置しています（図4.6）．マウスは脳に対して副嗅球の比率が大きいのでわかりやすいのですが，それでもさほど大きい脳部位ではありません．鋤鼻器からの入力はここに入ってきます．

4.6.1 鋤鼻ニューロンから副嗅球への投射

マウスやラットなどの齧歯類では，鋤鼻受容体はV1RとV2Rというサブファミリーに分かれます．これらの情報は厳密に分離され，鋤鼻上皮で上層に

位置する V1R 発現鋤鼻ニューロンは副嗅球の吻側へ，下層に位置する V2R 発現鋤鼻ニューロンは尾側へと投射しています（図 4.6）．この現象は，鋤鼻受容体と共役する G タンパク質αサブユニットの局在で確認することができます．具体的には，各 G タンパク質αサブユニット特異的な抗体で副嗅球の免疫染色を行います．すると，Gαi2 と共役する V1R の投射先は抗 Gαi2 抗体で染色され，吻側のみが染まります．V2R と共役する Gαo の抗体では尾側のみが染まります．こうして，それぞれの鋤鼻ニューロンが明らかに別の領域に投射していることがわかりました．

　しかし，これを読んでちょっと不思議に思いませんでしたか？　鋤鼻ニューロンの微絨毛に局在するはずの鋤鼻受容体と共役する G タンパク質が，なぜその軸索終末にあるのでしょう？　実は軸索表面にも鋤鼻受容体が発現していて，回路形成時に何らかの役割を果たしていると考えられています．それを利用して，投射先の染め分けができるのです．齧歯類や有袋類以外の多くの哺乳類は，V1R だけが機能的であるため，副嗅球の鋤鼻ニューロン軸索終末全面が Gαi2 の抗体で染色され，Gαo では染色されません．逆の発想で，動物種によって形の異なる嗅球において，抗 Gαi2 抗体で染色された部位が副嗅球であると予測できます．この方法でいろいろな哺乳類を調べると，副嗅球の大きさや位置が動物種でかなり異なっていることがわかります（Takigami et al., 2004）．マウスやラットの鋤鼻器が研究によく用いられているので，哺乳類の副嗅球は前後で分かれた投射があると思っている研究者は案外大勢います．マウスはたしかに便利ですが，マウスでの研究結果すべてが哺乳類に通用すると考えるのはとても危険です．

4.6.2　主嗅球の構造

　次に，主嗅球と副嗅球の層構造を比べてみます．主嗅球の機能はかなり詳しく解析されていますので，まず主嗅球の構造を見ながら嗅球の基本的な構成を説明したいと思います．

　嗅ニューロンの軸索終末は，主嗅球の嗅神経層に到達し，その下層の糸球体層で主嗅球側のニューロンとシナプスを形成します（図 4.8 上）．糸球体層は，その名のとおり糸球体とよばれる構造から成り立っています．「糸球体」と

Web 検索すればまず腎臓の糸球体が出てきますが，まさにあのような形をしています．腎臓の血管に相当する糸がくしゃくしゃになったような構造は，嗅ニューロンの軸索と主嗅球側ニューロンの樹状突起が絡み合ったものです．この構造の中にはニューロンの細胞体が存在しないので，組織染色を行うと，細

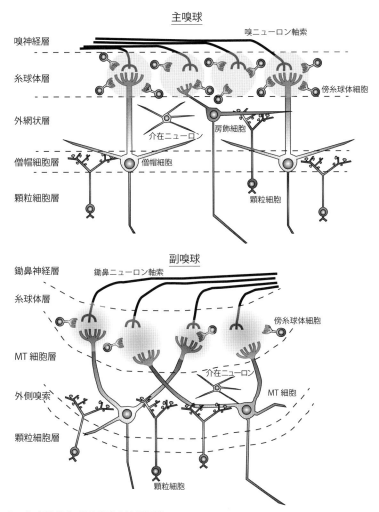

図 4.8 主嗅球および副嗅球の神経回路
　主嗅球（上）と副嗅球（下）はそれぞれの嗅球が 5 層構造をしている．神経回路を構成するニューロンはよく似ているが，回路特性は異なる．

胞体を染めるような Nissl 染色や細胞核を染める DAPI などでは染色されません（図 4.9）．糸球体の周りには，傍糸球体細胞とよばれる介在ニューロン（同一の脳部位で局所にはたらくニューロン）が多数存在しています（図 4.8 上）．そのため，糸球体の周りだけが染色されて，糸球体は丸く抜けて見えます（図 4.9）．この 1 つの糸球体に到達する嗅ニューロンの軸索は同じ嗅覚受容体を発現しています（図 4.10 左）．第 4.4 節の項で簡単に紹介しましたが，嗅ニューロンには"1 ニューロン 1 レセプター説"がありましたね．つまり，1 つの糸球体は 1 つの嗅覚受容体の情報のみが入力してくるのです．これはなかなか都合のよい構造です．特にマウスでは嗅球が大きく，頭蓋骨を取り除くとすぐに嗅球表面の糸球体を観察することができます．そのため，匂い分子を嗅がせたときにどこの糸球体が反応するか解析できるのです（Bozza et al., 2004; Rubin and Katz, 1999）．生きたマウスにさまざまな匂いを嗅がせて，糸球体の匂いマッピングや嗅覚受容体とリガンドの相関など，嗅覚受容のメカニズムの解明が行なわれました．参考までに，現在は Glomerular Activity Response Archive というサイトがあり（http://gara.bio.uci.edu/index.jsp），匂い物質に対し応答する糸球体マップのデータベースまであります．

　糸球体へ収束した匂い情報を次の中枢へ伝達するはたらきをしているのは，僧帽細胞や房飾細胞とよばれる興奮性の投射ニューロンです（図 4.8 上）．これらのニューロンはさらに下層の外網状層および僧帽細胞層に存在し，primary dendrite とよばれる樹状突起を単一の糸球体へ向けて伸ばしてお

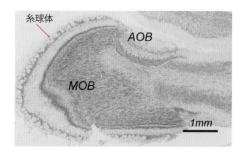

図 4.9　嗅球の Nissl 染色像
　　　主嗅球（MOB）は糸球体構造が明瞭なのに対して副嗅球（AOB）はわかりにくい．

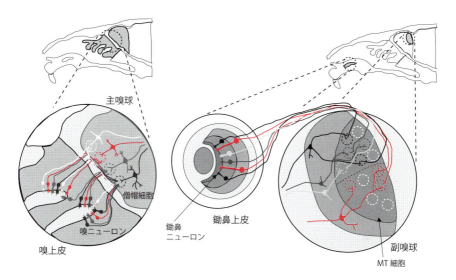

図 4.10　嗅ニューロンおよび鋤鼻ニューロンの嗅球への投射様式
　主嗅覚系では，1種類の嗅覚受容体を発現する嗅ニューロン群は主嗅球の1～2個の糸球体に収束する．鋤鼻系では，1種類の鋤鼻受容体を発現する鋤鼻ニューロン群は副嗅球の2～10個の糸球体に収束する．Mombaerts (2004) より改変．

り，単一の糸球体からの入力を受けています．それ以外の樹状突起は secondary dendrite といわれ，糸球体からの入力は受けず，外網状層内に突起を伸ばしています（図 4.8 上）．さらに下層に内網状層，顆粒細胞層があります．顆粒細胞層に存在する顆粒細胞は抑制性の介在ニューロンで，僧帽細胞や房飾細胞の secondary dendrite とシナプスを形成しています（解説「樹状突起スパインとシナプス」）．このシナプスは"樹状突起間相反性シナプス"とよばれ，珍しい形態をしています．一般的なシナプスは，神経伝達物質が放出される前細胞の軸索終末と，受けとる後細胞の樹状突起の間で形成されます．しかし，僧帽細胞と顆粒細胞の間の相反性シナプスは，それぞれの樹状突起から伝達物質が放出され，それぞれの樹状突起が受けとります（解説「樹状突起スパインとシナプス」の図）．僧帽細胞および房飾細胞からは興奮性伝達物質のグルタミン酸が放出され，顆粒細胞からは抑制性伝達物質である GABA が放出されます．このシナプスは，僧帽細胞の secondary dendrite の幹部分と顆粒細胞の樹状突起スパインが足場となっています．顆粒細胞の樹状突起ス

パインは，単一スパインの上にシナプス前部とシナプス後部が存在するので，一般的な樹状突起スパインより大型であり，"芽球"といわれています．この樹状突起間相反性シナプスは，僧帽細胞へ局所で瞬時の抑制をかけるためと考えられ，自己抑制または側方抑制（近傍の他の投射ニューロンを抑制する）を行っていると考えられています．

　顆粒細胞はとても小型のニューロンで，軸索をもっていません．顆粒細胞の樹状突起は情報を受けとるだけでなく，情報を発信する役割も果たします．軸索がないので遠くまで情報は送っておらず，局所で機能していると考えられています．

> **解説　樹状突起スパインとシナプス**
>
> 　多くの中枢神経系ニューロンの樹状突起には，樹状突起スパイン（dendritic spine）とよばれる棘状の構造物があります（第1章 Key Word「ニューロン」）．樹状突起スパインのことを単に"スパイン"ということもありますが，通常spineといったら脊椎（突起がいくつもある）のことを指しますので，英語表記では特に気をつけてdendritic spineと記載しています．
>
> 　樹状突起スパインは樹状突起幹部とは細胞骨格系が異なるため，可塑性に富んでいて形態変化を起こしやすいといわれています．一般的に，樹状突起スパインは興奮性シナプスの足場であるといわれています．つまり，樹状突起スパイン上に他の興奮性ニューロンの軸索終末が接触し，伝達物質であるグルタミン酸を受けとるための構造を形成しているということです．シナプスは，次のような構造的特徴をもつものを指します．まず，シナプス前部となる軸索終末にはたくさんの**シナプス小胞**（伝達物質を含んだ小胞）があり，受け手側のシナプス後部には，**シナプス後膜肥厚**（細胞膜上にタンパク質が高密度に集積する部分で，おもに伝達物質を受けとる受容体やそのシグナル伝達にかかわるタンパク質，骨格をつくるタンパク質などが含まれる）をもちます．また，シナプス前部とシナプス後部は一定の間隔に保たれています（**シナプス間隙**という；図左）．この3つを指標に，古くから電子顕微鏡でシナプス部位の観察が行われてきました．シナプス間隙は単なる空間ではなく，たくさんの細胞接着タンパク質によって結合され，かつ，仕切られた空間で，伝達物質の効率がよい受け渡し場として機能しています．樹状突起スパインにはさまざまな形がありますが，大きな頭部と細い頸部をもつものが多く，頸部にはシナプスの入力情報を樹状突起スパイン内で処理し，樹状突

起幹部と遮断をするはたらきがあると考えられています．そして適切な条件が整ったときに，樹状突起スパイン内の情報が樹状突起幹部まで運ばれます．

一方，多くの抑制性シナプスは，細胞体表面や樹状突起幹部に形成されます（図右）．スパイン頸部のような仕切りがないため，抑制の情報のほうが広く流れやすい構造になっています．シナプスの基本構造は興奮性シナプスと差異はあまりありませんが，シナプス後膜肥厚が薄い（タンパク質の集積が少ない）などの特徴があります．

ここでは典型的な例を述べましたが，ニューロンのタイプによってシナプス形成には差異があり，例外ももちろんあります．ニューロンの形態もさまざまです．樹状突起スパインが非常に多く，トゲトゲしたニューロンを spiny なニューロン，樹状突起表面がつるっとしていて樹状突起スパインがあまりないニューロンを aspiny なニューロンと表現します．

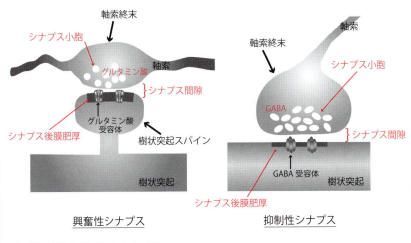

図　樹状突起スパインとシナプス
興奮性シナプスは樹状突起スパインに多く，抑制性シナプスは樹状突起幹部または細胞体に多い．

4.6.3　副嗅球の構造

では，話を副嗅球へ戻します．組織学的には一見同じように見えますが，副嗅球の局所回路は主嗅球と大きく異なっています．まずは，糸球体の構造とその周りの傍糸球体細胞について見てみます（図 4.8，4.9）．副嗅球の糸球体は

主嗅球のものほどはっきりしていませんし，大きさも境界もまちまちです．境界がはっきりしないのは，糸球体を取り囲む傍糸球体細胞が主嗅球より圧倒的に少ないからです（Yokosuka, 2012）．主嗅球の傍糸球体細胞は，近傍の糸球体を抑制するなどして匂い情報のコントラストを制御していると考えられています．副嗅球では，主嗅球ほど厳密な機能は必要でないのかもしれません．このような副嗅球の特徴は，ヘビなど爬虫類の主嗅球の構造とよく似ているといわれます．「分析する」より「反応する」ことに重きをおいた構造といってよいのではないでしょうか．

さらに，投射ニューロンである僧帽房飾細胞（MT 細胞：主嗅球では，大型で深層に位置する僧帽細胞と，浅層に位置しひと回り小さい房飾細胞を区別していますが，副嗅球の場合は，ちょうどそれら 2 種類のニューロンの特徴を持ちあわせることから，そうよばれます）は，2〜6 本程度の primary dendrite をもっており，別々の糸球体からの入力を受けています（Yonekura and Yokoi, 2008；図 4.8, 4.10）．そのため，1 つの MT 細胞の複数の primary dendrite が，同じ受容体の入力を処理する糸球体のみから構成されていれば，単独のフェロモン情報を処理していることになり，別々の鋤鼻受容体由来の糸球体の情報入力を受けていれば，複数のフェロモン情報を統合していることになります．現在のところ，1 つの MT 細胞は，単一鋤鼻受容体由来の複数の糸球体から入力を受けているという考え方が主流ですが，複数の鋤鼻受容体からの入力があるという報告もあります（Tirindelli *et al.*, 2009；図 4.8）．おそらく，両方のタイプが存在していて，それぞれのタイプに適した生理現象を担っていると思われます．

主嗅球の僧帽細胞は，単一の受容体からの単一の刺激情報を処理することに特化したニューロンと考えることができますが，副嗅球の MT 細胞が複数の糸球体から入力を受ける理由はよくわかっていません．それぞれの糸球体で情報を受けとるタイミングや，糸球体から細胞体までの樹状突起の長さや太さによる伝達速度の変化によって，時差をもって細胞体へ情報が届くことが大切なのかもしれません．海馬の錐体細胞では，別々の樹状突起から一定の時間隔内で情報入力があると，遺伝子発現を必要とする可塑的変化に結びつきやすいという報告があります（Zhai *et al.*, 2013）．副嗅球の MT 細胞も，複数の樹状

突起から情報が入力することが機能的に重要なのかもしれません.

　以上より,主嗅球の僧帽細胞が,単一の匂い情報を正確に伝えるという"識別"に特化しているのに対し,副嗅球 MT 細胞は,情報の"評価"を行っているといえると思います.この特性の違いは,投射先の特性とあわせて考えるととても理にかなっています.それについてはまた次の節で説明します.

　副嗅球の構造についての最後になりますが,副嗅球にも,投射ニューロンと

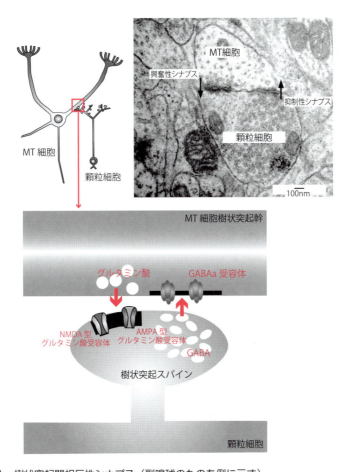

図 4.11　樹状突起間相反性シナプス(副嗅球のものを例に示す)
電子顕微鏡写真(右上)と模式図(下).単一の樹状突起シナプスに興奮性と抑制性のシナプスを形成している特殊なシナプス.

介在性の顆粒細胞との間に樹状突起間相反性シナプスが存在します（図4.11）．副嗅球にも主嗅球同様，顆粒細胞とよばれる小型の介在ニューロンが多数存在し，主嗅球の顆粒細胞とよく似ています．この顆粒細胞は軸索をもたないため，樹状突起上の樹状突起スパインから伝達物質であるGABAを放出します．同じ樹状突起スパイン上にグルタミン酸の入力を受けるシナプス後部が存在していると"樹状突起間相反性シナプス"となります．副嗅球では，この相反性シナプスはMT細胞のprimary dendrite上に存在していることが確認されています（Moriya-Ito et al., 2013；図4.11）．副嗅球では，MT細胞が糸球体で情報を受けとって細胞体へ送るまでに，相反性シナプスのレギュレーションを受けることになります．主嗅球では，primary dendrite上には相反性シナプスは存在しません．そのため，1度僧帽細胞の細胞体へ情報が届き，側方の樹状突起へ伝播する際に相反性シナプスがはたらくのです．このことから，樹状突起間相反性シナプスは，主嗅球ではおもに近傍の僧帽細胞間の調節や伝達のコントラストを伝えているといえ，副嗅球では，MT細胞の細胞体への情報入力を制限しているといえます．これは主嗅球と副嗅球の機能の大きな相違です．

副嗅球顆粒細胞層には遠心性の入力が多く見られ（Fan and Luo, 2009），それらが顆粒細胞の興奮をコントロールしていると考えられています．フェロモンを感知していても，情報を流すのに適さない状態（天敵が近くにいる，自分の体調が悪いなど）では，フェロモン情報を次の投射先へ伝えないように遮断するのに役立っているのかもしれません．

4.7　嗅球に到達する新生ニューロン

嗅球にはある特徴があります．それは，成体後も新生したニューロンが持続的に運ばれてくることです．現在では，成体でもニューロン新生が起こることは周知の事実となっていますが，そのことが広く知れわたり認知されたのはこの20年ほどです（Gould, 2007）．それまでは，哺乳類の成体脳ではニューロン新生は起こらないと考えられていました．ただこれも全くの間違いというわけではなく，大型の投射ニューロンは新生しません．現段階で確認されてい

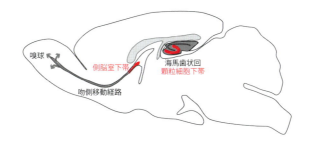

図 4.12 成体脳でのニューロン新生
海馬（顆粒細胞下帯で新生して海馬歯状回の神経回路に組み込まれる）と嗅球（側脳室下帯で新生し，吻側移動経路を通って嗅球の神経回路に組み込まれる）でニューロン新生が起こる．

る成体でのニューロン新生は，小型の介在ニューロンのみです．

　成体脳でのニューロン新生は，海馬歯状回の顆粒細胞下帯（subgranular zone, SGZ）とよばれる場所と，脳室の脇にある側脳室下帯（subventricular zone, SVZ）とよばれる場所の2カ所で起こります（図 4.12）．嗅球に到達する新生ニューロンは SVZ で発生し，吻側移動経路（rostral migratory stream, RMS）を移動してきて顆粒細胞や傍糸球体細胞になります（Sakamoto et al., 2014）．通常，顆粒細胞の数はほぼ一定に保たれていますが，遺伝子工学的にニューロン新生を阻害したマウスでは，嗅球の顆粒細胞数が経時的に減少していくことから，顆粒細胞は常に一定数が入れ替わっていると考えられます（Imayoshi et al., 2008）．

　新生ニューロンは，主嗅球だけではなく副嗅球にも到達します．ニューロン新生を阻害したマウスは匂いの識別などには問題ありませんが，性行動や養育行動などの生得的な行動が阻害されます（Sakamoto et al., 2011），このことから，嗅球内では顆粒細胞の入れ替わりが，行動に結びつく神経回路の維持に重要であるといえます．

　なぜ海馬と嗅球だけ劇的なニューロン新生が起こるかわかりませんが，両領域の共通点は，新規な環境を覚える，または判断するということにあります．既存の回路をつくり替えるより，新規の回路をつくったほうが新しい環境への適応性が高いからかもしれません．

4.8 嗅球のその先

　嗅球の投射ニューロンの軸索は，二次投射先といわれる次の脳領域へ延びています．一般的に主嗅球は大脳辺縁系である梨状葉へ，副嗅球は内側扁桃体へ投射するといわれています．ニューロンの細胞体の大きさは，投射先への距離に依存するといわれています．遠くまで情報を送るには，大きな細胞体が必要ということです．嗅球の投射ニューロンを見てみると，副嗅球の MT 細胞より主嗅球の僧帽細胞のほうがひと回り大きいです．このことより，主嗅球のほうが情報を広範囲に送っていると予想できます．実際に単一の僧帽細胞の軸索を追跡すると，前嗅核，嗅結節，前梨状皮質，後梨状皮質，外側嗅内皮質と，嗅皮質に分類される範囲に広く投射していることがわかります（Igarashi et al., 2012；図 4.13）．同じ主嗅球の投射ニューロンである房飾細胞は僧帽細胞より小型です．こちらはおもに，前嗅核，嗅結節，前梨状皮質という，二次投射先の中でも吻側側に位置する領域に投射しています（Mori et al., 2013；図 4.13）．そのため，軸索の長さはさほど長い必要はなく，分岐も多くありま

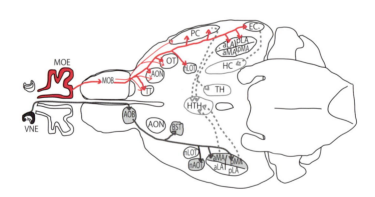

図 4.13　主嗅覚系および鋤鼻系の神経回路
　　　主嗅球の僧帽細胞（太赤）と房飾細胞（細赤），および副嗅球の MT 細胞の投射先を示す．
　　　AOB：副嗅球，AON：前嗅核，AOT：副嗅索，BST：分界条床核，EC：嗅内皮質，HC：海馬，HTH：視床下部，aLA：外側扁桃体吻側部，pLA：外側扁桃体尾側部，nLOT：外側嗅索核，aMA：内側扁桃体吻側部，pMA：内側扁桃体尾側部，MOB：主嗅球，MOE：嗅上皮，OT：嗅結節，PC：梨状葉，TH：視床，TT：テニアテクタ，VNE：鋤鼻上皮．Canavan et al. (2011) より改変．

せん．前嗅核は反対側の嗅球に投射し，左右の嗅球に入力した情報を統合する役割をもっていると考えられているため，房飾細胞もその一端を担っていると思われます．

　梨状皮質へ到達した匂い情報は，一部は前頭葉にある眼窩前頭皮質へ送られ匂いの認知にかかわり，一部は扁桃体，海馬などへも送られます．また，嗅皮質から視床下部への入力が確認されていることから内分泌や情動にも深くかかわっていることがわかります（Boehm et al., 2005; Yoon et al., 2005）．ここで重要なのは，主嗅球で処理された匂い情報は大脳皮質で"匂い"として認知され，意識に上がることです．

　一方，副嗅球のMT細胞は，多くが内側扁桃体へ軸索を投射しています（Lo and Anderson, 2011）．それ以外には，扁桃体後内側部や分界条床核に投射しています．そして最終的には，視床下部内側視索前野と視床下部腹内側核に到達し，内分泌および自律神経系に作用します．副嗅球から入力があった情報は，大脳皮質に送られることはなく，皮質下構造のみで処理されます．つまり，直接意識には上がってこないのです．これが主嗅覚系と鋤鼻系の大きな違いと考えられています．

▶▶▶ Q & A ◀◀◀

Q　「鼻腔に存在する化学感覚器」で，マウスが二酸化炭素を感知しているとありますが，二酸化炭素の感知が必要なのはなぜでしょうか．敵を感知しているということでしょうか．

A　敵とは限らず，存在する動物との距離を感知しているのではないでしょうか（距離感？）．天敵の匂いのみを感知した場合に「ここに天敵がいた可能性がある！注意が必要だ」という程度のものが，天敵の匂いと二酸化炭素の両方を感じると，「これは危険だ！　早く逃げないと !!」ということになるわけです．一方，交尾相手候補の匂いの場合，匂いのみだと，「ここにいたのか．また逢えるかな‥」で，匂いと二酸化炭素だと，「ああ，すぐ近くに愛しの君が！　アタックしなくちゃ！」になるのではないでしょうか．

Q ヒトでは，V1R が嗅上皮で発現しているとありますが，これは鋤鼻器を失ってからも嗅上皮がその役割を担っている可能性があるということでしょうか．

A そのとおりです．しかし，本当に嗅上皮でフェロモン受容を行っているかを調べることは難しいです．ヒトを対象とした場合，倫理的観点から実験方法に限界があるからです．これまでにヒトの嗅上皮を採取して実験を行った例としては，がんなどのため外科的手術で取り除いた部分の正常組織を用いるものがほとんどです．しかし，そのような組織で可能な実験は，組織学的研究や遺伝子の発現確認くらいです．生理学的手法を用いて確認するのは不可能でしょう．そのため，簡単に手に入る培養細胞を用いて，ヒトのV1Rの機能を探る実験が行われているのです．この Q の真相がわかるにはもう少し時間が必要と思われます．

Q 海中や空中では効率よく鋤鼻器が機能しないのではないか，とありますが，嗅覚のほうは機能しているのでしょうか．

A イルカの仲間の場合，鼻腔は呼吸のための噴気孔として特化してしまったため，嗅覚器としては機能していません．ほとんどの嗅覚受容体も偽遺伝子となっています．それ以外に生涯海中で過ごす動物にはマナティーやジュゴンがいます．マナティーは，水中にいる間は外鼻孔を閉じています．これらの事例から水中では嗅覚を使っていないと予想されます．しかし，マナティーの嗅覚受容体遺伝子はイルカの仲間ほど偽遺伝子化が進んでいませんし（Hayden, 2010），貧弱ですが脳に嗅球が存在するため，何かしらの嗅覚情報をキャッチしていると思われます（Comparative mammalian brain collections というサイトでさまざまな哺乳類の脳標本を見ることができます；http://www.brainmuseum.org/index.html）．ちなみに，イルカには嗅球がありません．一方，ヒゲクジラの仲間には嗅上皮があり，嗅球もあるといわれています．補足ですが，イルカと最も近縁な陸棲動物はカバで，ジュゴンはゾウです．カバとゾウは似ていると思うかもしれませんが，遺伝学的にはかなり遠い関係にあります．感覚系は近縁であるかだけでなく，その種の生態に大きく影響されます．遺伝学的手法を用いて感覚分野の研究を行っている研究者たちは，"感覚のトレードオフ"が存在すると考えています．1つの感覚が発達すると，別の何かの感覚が遺伝学的に退化するというのです．イルカの場合，超音波によるコミュニケーションが可能になった分，嗅覚の退化が早く進んだのかもしれません．

一方，空中を舞うコウモリですが，こちらはちゃんと嗅覚をもっています．大きな嗅球をもつ種もいます．また，機能的な嗅覚受容体遺伝子は多数あり，偽遺

伝子化も他の哺乳類とあまり差がありません（Jones, 2013）．コウモリも超音波を感知できる種が多いですが，夜行性のものは，嗅覚ではなく色覚と超音波受信のトレードオフが起こったと考えられています．実際に単色色覚の種もいます．その分，嗅覚の機能は保存されたのではないでしょうか．

Q ニューロンの新生と記憶の関係についてですが，ニューロン新生は新しい記憶をつくるのには便利でしょうけど，古い記憶の保持という点では不利にはならないのですか．また，新生に対応して古いニューロンは消えていくと推測されるのですが，その場合，最も古いものから順に消えていくのでしょうか．

A 長く残る記憶は海馬や嗅球では保存されず，脳の別の部位に蓄えられていると考えられています．海馬の役割は，新しい記憶をつくり，その記憶を保存するか判断することですし，嗅球の場合は，常に変化する外環境に対応するための神経回路です．したがって，古い記憶を保持する必要はないのです．ニューロンのターンオーバーの順番については今後の研究に期待したいところですが，これまでの神経科学の研究結果から憶測してみますと次のようになるのではないでしょうか．

同じタイミングで生まれた2つのニューロンの一方がよく使われる回路に組み込まれ，もう一方があまり使われない回路に組み込まれたら，よく使う回路のほうが長生きすると思います．逆に，強烈な刺激が入ってきた場合には，ニューロンが過興奮を起こして細胞死を起こす可能性もあります．詳細は不明ですが，適度に刺激を受けているニューロンが最も寿命が長く，順番どおりというわけではないでしょう．人間も含めて動物の個体によって寿命が異なるのと同じだと思います．

Q 昔嗅いだ匂いと同じ匂いを嗅ぐと，当時の出来事が鮮明に思い出されることがあります．他の感覚では同じようなことが起こらないように思うのですが，なぜなのでしょうか．

A これは一般的によくいわれていることですね．記憶というのは，良くも悪くも情動が絡むと強く残ります．記憶研究の分野では，単純に物事を覚えることを意味記憶（漢字や年号など）といい，情動をともなう記憶をエピソード記憶といいます．前者は複数回のトレーニングの後に定着する記憶ですが，後者はたった1回の出来事を細かく記憶するという特徴があります．情動の変化にともない神経修飾因子（ドーパミンのようなモノアミンやオキシトシンのようなペプチド）が放出されると考えられており，それらは既存の神経回路を再構築し，新しい記憶

形成を促すと考えられています．そのため，エピソード記憶はたった1回の刺激でも長期的な記憶になりやすいと考えられています．嗅覚が情動と深い関係があるとこの本の中で何度も述べていますよね．視覚や聴覚の場合，感覚器からの入力は視床とよばれる脳領域で中継されて大脳皮質のそれぞれの感覚野に伝えられます．視床では，複数の感覚入力の調節が行われていると考えられています．嗅覚の場合，情動と深くかかわる扁桃体に情報が到達するまで大脳辺縁系のみを経由していくこと，また，中継するニューロン数も少ないことなどから，扁桃体へ直接的にはたらきかけると考えられています．視覚や聴覚の場合，視床や大脳皮質など広範な神経連絡のある領域を経由してから扁桃体に到達するため，間接的な入力になります．そのため，より情動と絡みやすい嗅覚の記憶は鮮明に残ると考えられています．

　昔好きだった曲を聴くと，当時の心境をかなりリアルに思い出せるという方も多いと思います．その曲は，情動がフル回転している青春時代に聴いたものではないでしょうか？

5 主嗅覚系と鋤鼻系

　2000年頃まで，主嗅覚系と鋤鼻系は2つの神経系としてくっきり分かれていると思われていました．主嗅覚系は"匂い"を認知し，思考したうえで行動に移す神経回路であり，鋤鼻系は"フェロモン"を感知し，反射的に行動に移したり無意識下で内分泌を駆動させたりする神経回路である，と解釈されていました．

　しかし鋤鼻受容体の発見以降研究が進むにつれ，実際にはそんなに単純ではないことがわかってきました．たとえば，マウスの鋤鼻受容体の1つであるV1Rb2のリガンドは2-heptanoneです．これは鋤鼻ニューロンの応答をとることで確認されています（Boschat et al., 2002）．2-heptanoneは**揮発性**の低分子化合物で，我々ヒトでもフルーツの匂いとして認知できる物質です．マウスに2-heptanoneを嗅がせて嗅球の活動を測定すると，主嗅球と副嗅球の両方で活性化することがわかりました（Xu et al., 2005；図5.1）．反応速度や反応パターンには違いが見られており，第4章で述べたようなそれぞれの嗅球システムに応じた反応が観察されています．応答に違いがあるとはいえ，明らかに主嗅覚系と鋤鼻系の両方で受容される物質が存在するのです．

　フェロモンの定義は，"同種他個体の分泌物で，行動や生理機能に特定な反応を引き起こす物質"です．どんな神経回路を経由するかについては限定されていません．ウサギの新生仔は，母乳に含まれる2-methylbut-2-enalという物質を嗅いだときにのみ，盛んに**吸引行動**を示すといわれています（Schaal et al., 2003；図5.1）．この行動は，同種他個体の分泌物への反応で反射的で

第5章 主嗅覚系と鋤鼻系

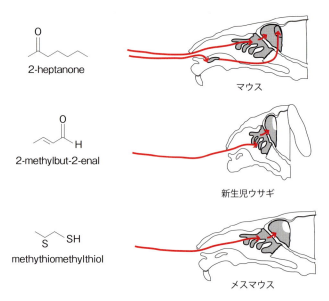

図5.1 主嗅覚系を経由するフェロモン物質
構造式（左）とその受容経路（右）．

あることから，フェロモン応答といってよいでしょう．しかし，この物質は嗅上皮で受容されます．

　さらに，雄マウスの尿中に含まれる (methylthio)methanethiol も雌マウスの嗅上皮で受容され，匂いに対する誘因行動が観察されています（Lin *et al.*, 2005；図5.1）．このとき，雌マウスが「あっ，雄の匂い！」と思って近づいているか実際にはわかりませんが，このような探索行動ともとれる場合には，(methylthio)methanethiol もフェロモンになり得るのでしょうか？　意識的に近づいているとしても，フェロモンといっていいと思います．なぜなら現在のフェロモンの定義には，行動などが「無意識に」または「認知せずに」行われるべきであるといった規定がないからです．主嗅覚系を完全に遮断するため，嗅ニューロンのみではたらくシグナル伝達因子の CNGA2（cyclic nucleotide-gated channel α 2）を欠損したマウスは，繁殖行動の優位な低下が見られます（Mandiyan *et al.*, 2005）．鋤鼻ニューロンの機能は正常ですが，鋤鼻系だけでは繁殖行動を誘発することは難しいようです．

動物種によってもフェロモン受容の場は異なっていることが明らかとなってきました．ヤギでは，鋤鼻受容体が嗅上皮の嗅ニューロンに発現し，その軸索は，主嗅球の特定な糸球体に投射しています（Wakabayashi *et al.*, 2002; Ohara *et al.*, 2013）．

　これらの事実より，フェロモン受容は鋤鼻器で行なわれるといった定説はもう意味をなさなくなっています．そして，フェロモンは嗅上皮で受容される場合もあれば，鋤鼻上皮で受容される場合も，両方で同時に受容される場合もある，というのが最も現実的な表現となるでしょう．とはいえ，この本は鋤鼻系の話を中心に書かれています．それは単に筆者らが鋤鼻系の研究者であることに起因するだけでなく，第4章 図4.13で示したとおり，鋤鼻系は大脳皮質を経由しないため第六感的な響きがあり興味が尽きないからです．

　主嗅覚系と鋤鼻系の違いは，フェロモン物質とその受容体の違いというより，嗅球から先の神経回路の違いであるといえます．まず，嗅球レベルで感度や応答方法に違いがあります．主嗅覚系のほうが敏速で明確な応答を示すのに対し，鋤鼻系では緩やかで持続的な変化をもたらします（Shpak *et al.*, 2012）．また，投射パターンについては，主嗅覚系は最終的に大脳皮質にも情報が送られることから認知にかかわる可能性が高く，鋤鼻系の情報は最終的に視床下部へ到達するため，自立的に生体内変化を起こす可能性が高いといえます．嗅覚の例ではありませんが，一目惚れをするときに「俳優の◯◯に似ていて素敵」と思うか，「なんかわからないけど，目が離せない」と思うかの違いのようなものです．結果的に恋に落ちるという生理現象は同じですよね．

　第4章で，鋤鼻受容体には大きく分けてV1RとV2Rという2種類の受容体があると説明しました．これまでの数多くの嗅覚の研究結果と受容体の立体構造の推測より，V1Rは低分子有機化合物を受容し，V2Rはペプチドなどの不揮発性物質を受容すると考えられています．嗅覚受容体も低分子の揮発性有機化合物を受容するので，V1Rと嗅覚受容体が同じリガンドに反応しても全く不思議ではありません．嗅粘膜と鋤鼻器の両方に反応する物質がたくさんあっても当然のことなのです．

　もう一方のV2Rですが，こちらのリガンドはペプチドです．そのリガンドを分泌する動物個体は，そのアミノ酸配列の情報をゲノム上にもっていること

になります．代表的なものとして，マウスの**眼窩外涙腺分泌ペプチド（ESP）**とよばれるペプチド群があります（Kimoto et al., 2007）．ESPはゲノム上で数十種類以上の**多重遺伝子ファミリー**を形成しており，マウスの系統や性差，成熟度合いなどによってESPの発現パターンが異なっています．そのため，その個体の涙腺からの分泌物（涙）を鋤鼻器に吸い込むことで，相手の個人情報がよくわかるというわけです．フェロモン行動まで解析されているものには，雌の交尾受け入れ行動（ロードシス）を誘導するESP1（Haga et al., 2010）や，幼若な個体が性行動に巻き込まれないためのESP22などが知られています（Ferrero et al., 2013）．これらは明らかに鋤鼻系のみを介したフェロモン受容です．しかし，第4章でも述べたとおり，V2Rが機能的に発現している哺乳類は**齧歯類**や**有袋類**および一部の**原猿類**のみで，最もV2Rを活用しているのはカエルやイモリなどの**両生類**です．両生類の交尾行動を見たことがある方はわかると思いますが，まさに本能的という感じがします．繁殖期のナガレヒキガエルの雄は，雌を獲得し損ねるとその本能的衝動を抑えることができず，見境なく動いているものにしがみつき，同じ種の雄やイワナなどの魚にまでしがみつくそうです．こういった1度アクセルがかかったら後戻りできない行動と通じるのがV2Rなのかもしれません．

　V2Rがすべて偽遺伝子となっている多くの哺乳類では，カエルのような極端な鋤鼻系主導の生理現象は見られず，多くの哺乳類は主嗅覚系で感じる匂いの一部を鋤鼻系でも感じているだけかもしれません．嗅覚受容体では受容されないと予想されるものに**ステロイド**などの不揮発性の低分子があります．ステロイドはそれぞれの個体のホルモンとして，またその代謝物として産生されているので，自己由来か他個体由来かわかりにくいですが，一般的な哺乳類のフェロモン候補として十分に考えられる物質です．実際に，豚の性フェロモンであるアンドロステノン（第3章参照）はステロイド化合物です．

　近年まで，鋤鼻器では"同種他個体"が分泌する化学物質を受容すると考えられてきましたが，この定説も覆ってきました．マウスにさまざまな捕食者の匂いを提示したところ，数多くの鋤鼻ニューロンが活性化していることがわかりました（Isogai et al., 2011）．面白いことに，キツネなどの食肉目科の動物やヘビなど地上で襲ってくる動物の匂いにはV2Rが応答し，フクロウなど

空からやってくる鳥類の匂いには V1R が応答します．捕食者が地表に毛や皮膚や分泌物を残していく場合はタンパク性のものを感知できる V2R で，捕食者が地上から舞い降りてくる場合は，大気中に拡散している揮発性物質を感知できる V1R で対応すると考えると理にかなっています．これらは同種ではないので，"フェロモン"の定義には当てはまりません（現在は，このように種を越えて受容する側に有利にはたらく化学物質を "カイロモン（kairomone）" とよんでいます）．以上より，鋤鼻器もフェロモンでない化学物質を受容していることがわかります．もちろん，捕食者の匂いは嗅上皮でも受容されます．むしろ嗅上皮で受容されるのがメインルートだと思います．

まとめますと，主嗅覚系と鋤鼻系というのは，

1. 感覚器で受容する物質が一部重なるものもあり，フェロモン物質レベルでの分離は完全でない．
2. 同じ物質を受容している場合，それぞれの感覚器や嗅球の特性に応じて応答パターンは異なる．
3. 脳内の投射先も異なる．

といえます．

カイロモン（Kairomone）

column

生物個体から放出され，異種生物に効果を及ぼす化学物質で，放出する側にとって選択的に不利益となり，受け手にとっては有益となる物質をカイロモンとよびます．特に天敵が放出する化学物質は，受け手は恐怖・嫌気を引き起こすとされ，危険を知らせるカイロモンの典型です．キツネの糞に含まれるトリメチルチアゾリン（trimethylthiazolin, TMT）は，マウスなどの齧歯類で嫌気反応を引き起こすことが知られています．

カイロモンのかかわる神経系が主嗅覚系なのか，または鋤鼻系なのかといった研究によると，カイロモンの化学的な性質や受容する動物種によってその機構はさまざまなようです．ラットでは，TMT は主嗅覚系がかかわり，ネコ臭（物質は同定されていない）は鋤鼻系がかかわると報告されています（Takahashi, 2014）

第5章　主嗅覚系と鋤鼻系

　主嗅覚系と鋤鼻系のニューロン活動としての情報は，嗅球レベルまでは完全に分離されていますが，副嗅球の投射先である内側扁桃体で一部情報の統合が見られます．副嗅球の最終ターゲットである視床下部には主嗅覚系の情報が入力してくることがわかっています．これらのことより，多くのフェロモン応答は主嗅覚系と鋤鼻系が協力し合って機能を発揮していると思われます．

▶▶▶ Q & A ◀◀◀

Q ウサギが母乳に含まれる 2-methylbut-2-enal という物質を嗅いだときにのみ盛んに吸引反応を示すとありますが，母乳以外で人工的にウサギを育てるのは困難なのでしょうか．

A 吸引反応とは，積極的に乳首を探してしゃぶりつく行動のことで，吸引・嚥下のことではありません．そのため，人工飼育の場合，飼育者が乳首を口の中に押し込んであげれば自発的に吸乳します．

Q カイロモンについてです．放出する側にとって選択的に不利益となり，受信する側にとって有益となる物質とありますが，そうであれば不利益とならないように放出しなければよいように思えます．放出しないようにはできないのですか．

A 何のためにわざわざ自分が不利益を被るような物質を出しているのか不思議ですよね．しかし，それは現在だけを見るとそうですが，適者生存という考え方をするとわかりやすいです．たとえば，ネコはマウスにとって天敵ですよね．ネコの接近を感知できないとマウスは生き延びられず，子孫を残すことができません．そうすると，何らかの方法でマウスはネコの接近を感知したほうが有利ですので，ネコの何かを受容できるように適応進化したマウスのほうが生存確立は上がります．一方，ネコはすべてのマウスに自分の存在を察知されてしまうようになってからカイロモンを分泌しないように進化するという戦略で間に合うでしょうか？
　それよりマウス以外の獲物を探したほうが世代を越えずして問題が解決ができます．そのため，カイロモン放出の有無が必ずしも生存確立とリンクはしないでしょう．捕食される側のほうが捕食者より緊急度が高い結果と考えられます．

Q カイロモンは，「放出する側にとっては不利益になる物質」ですが，クマノミとイソギンチャクみたいな，異種で共生の関係にあり，助け合っているときにも化学的コミュニケーションをとっている可能性はあるのでしょうか．

もちろんあります．植物を含めた異種間コミュニケーションにかかわる分子のことを総じてアレロケミカルといいます．カイロモンはその中の定義の1つで，それ以外にアロモン，シノモン，アンチモンがあります．アロモンは，放出する側に有利にはたらく物質です．ハナカマキリという花の形を擬態したカマキリは，獲物の昆虫をおびき寄せるアロモンを放出し，自分が動き回らずとも狩りができるようです．ご質問のクマノミとイソギンチャクのように両方が利益を得る場合（実際にアレロケミカルが関与しているかは不明）は，その物質はシノモンとよばれます．逆に両方が不利益になる場合はアンチモンといいます．アレロケミカルについては，植物と昆虫，昆虫と昆虫のコミュニケーションでよく研究されているようです．

6 ヒトのフェロモン

6.1 誤解されたフェロモン

　1990年代にフェロモンという言葉がマスコミで話題になりました（今でもたまに目にすることがあります）．その多くは，フェロモンという言葉が誤解されて「性的魅力」や「異性の気を引く色気」というような意味の表現で用いられていました．筆者（市川）が同窓会や冠婚葬祭の席でフェロモンについて研究していることを話すと，相手が異常に興味を示したり，奇異な目で見られることが多くありました．これは，一般の人たちがヒトのフェロモンに大変興味をもっていることの表れかもしれません．大学などで哺乳類のフェロモンや鋤鼻系について講義をしても，ほとんどの学生・受講生が興味を抱くのは「ヒトにフェロモンはあるのか」，「ヒトはフェロモンをコミュニケーションツールとして利用しているのか」などです．残念ながら，今でもヒトのフェロモンについては不確かな点がたくさんあります．一言でいうと，「ヒトのフェロモンは存在するが，その物質およびフェロモン情報がどのように受容され，脳に作用しているか明らかでない」のです．したがって，ヒトのフェロモンについて述べるのはかなり推測をともなったものになってしまいます．この章では，ヒトのフェロモン，鋤鼻器および鋤鼻系について，これまで知られている事柄を簡単に説明した後，最後に仮説としてフェロモンの作用機序を述べることとします．

column フェロモン女優

　筆者（市川）がフェロモンにかかわる研究をはじめて5年ほど経た1990年代，「フェロモン女優」という言葉が大流行しました．流行の原因が何であったかなどほとんどわかりません．当時，フェロモンについて取材にきた雑誌記者から某女優の名前を聞かされ，その女優について知らないと答えると，本当にフェロモンを研究しているのですか，と半分疑われる雰囲気であしらわれてしまいました．取材後，研究室の学生に聞いて，その理由が明らかになりました．某女優は「フェロモン女優」とよばれているとのことでした．今は本格派女優として知られています．当時フェロモン女優とはどのような意味でよばれていたのか？　彼女を遠くから見てフェロモンを感じるのだろうか？　仮に彼女がフェロモンをたくさん発散していたとしても，テレビや雑誌で彼女の姿を見て，フェロモンを感じることは不可能です．本書を読んだみなさんはすでにおわかりのように，フェロモンが映像で媒介できないことは科学的に明白です．この時代，フェロモン系〇〇などとフェロモンという言葉が，「セクシャルな魅力」とか「異性の気を引く色気」というような「性」にかかわる意味で誤解されて使われていました．大学等の講義中に学生の前で，「これからフェロモンの話をします」というとクスクス笑う学生や，嫌な顔をする女子学生を見かけることがたびたびありました．その後，2009年朝日新聞の特集『今更聞けない科学の常識』に取り上げられました（朝日新聞編集部（2009）『今更聞けない科学の常識②』講談社）．さすがに，今ではフェロモンについての誤解は解けたものと信じたいです．

6.2　ヒトのフェロモン候補物質

6.2.1　ボメロフェリン

　ヒトのフェロモン候補物質とされている物質の1つに，プレグナジエンジオン（PDD：pregna-4, 20-diene-3, 6, -dione；通称：ボメロフェリン（Vomeropherine））があります（図3.3参照）．プレグナジエンジオンは，ユタ大学のバーリナー（Berliner）のグループがヒトの皮膚から抽出しました（Monti-Bloch et al., 1998; Monti-Bloch and Grosser, 1991; Monti-Bloch et al., 1994）．フェロモン効果があるということで，発見当時のフィーバーぶりは1993年9月7日付のニューヨークタイムスの科学コラムにも表れています．その中で，発見にかかわる研究過程でのインタビュー記事が書

かれているので訳して紹介します．

　……彼はヒトの皮膚から多くの化合物を抽出し，栓をしないでフラスコに入れ研究室内に放置した．「研究室のメンバーがいつもと違って友好的でリラックスしていることにすぐに気がつきました」とのこと，さらに彼がいうには「その原因を解決するのに数ヶ月かかりました．私がフラスコに栓をすると，皆がもとの不機嫌な様子に戻ってしまうのです．」彼によると，この化合物は無臭であるにもかかわらず，そのミステリアスな方法でヒトの気分をよくすることは明らかである……

　また，この記事は，「ヒトの鼻は，いわゆる"第六感"としての機能も持ちあわせているに違いない」と強調しています．

　匂い物質を嗅覚器に吹きつけると緩やかな電位変化が現れます．これは嗅電図とよばれ，嗅覚検査にごく普通に用いられている方法です．バーリナーらは，この皮膚からのフェロモン候補物質を，鋤鼻器と想定される部位に吹きつけて生ずる嗅電図と類似の電位変化（鋤鼻電図）を指標に検定し，PDDを同定しました．効果は内分泌系のみならず自律神経系にも及ぶことが示されています．しかし，この後（第6.4節）で述べますが，ヒトの鋤鼻器は存在が危ぶまれており，あっても痕跡と考えられています．また，この報告結果に関しては，技術的な問題点，刺激や電位記録の方法および自律神経活動の記録法などが指摘されており，他の研究グループによる追試験などが行われていないことから，まだまだヒトのフェロモンとして「認定」するには問題が多い物質です．仮に，ヒトのフェロモン効果を引き起こす物質だとしても，いわゆる安寧効果，つまりリラックスさせたり気分を和やかにする効果です．多くの人が期待する(？)，性的な効果を起こすものではありません．

6.2.2　アンドロステノン

　次にアンドロステノンです．アンドロステノンはコレステロールから生合成されるステロイドホルモンです．男性の腋から多く分泌され，腋下臭のもとになっているといわれています．先に，ブタのフェロモン物質としても紹介しました．同じ物質が，ヒトでもフェロモンとして利用されている可能性が指摘されています．

6.2 ヒトのフェロモン候補物質

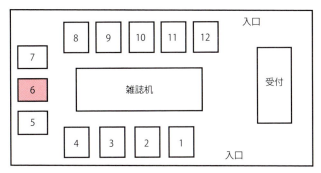

1〜12は椅子を示す椅子．6の椅子にアンドロステノンを散布．

図 6.1 カーク・スミスとブースの実験で利用された歯医者の待合室の図
1〜12は待ち合い室の椅子の位置を示す．6番の席にアンドロステノンを散布した．
Doty（2010）より改変．

有名な実験があります．アンドロステノンを女性は好み，男性は避けるというものです．この実験は，カーク・スミスとブース（Kirk-Smith and Booth, 1980）により報告されました．よく引用されるので少し詳しく説明します．歯医者の待合室に12個の椅子をセットします．レイアウトは図 6.1 のとおりです．6番の椅子にアンドロステノンをふりかけておきます．初診の際にはほとんどの女性がこの椅子には座らなかったので，この椅子をターゲットに選んだとのことです．アンドロステノンをふりかけると，女性では未処理の椅子（アンドロステノンなし）よりこの椅子に座る率が高くなり，男性はこの椅子を拒否する傾向があるとの結果です．この実験はいくつかの方法において問題点が指摘されています．まず，座った回数は述べられていますが，患者の人数が不明で，観察期間中に同じ患者が繰り返し座ったかどうか不明です．また，アンドロステノンの散布実験が6番の椅子以外で行われておらず，6番の椅子以外でも同様の実験を繰り返す必要があります．さらに，アンドロステノンをふりかけるのは診察時間前です．観察は1日行うため，時間の経過によるアンドロステノン濃度や診察室内環境の変化に応じた違いがあるか明確ではありません．診察室が混んでいるときは混雑度がデータに影響することを，筆者自身が指摘しています．実験方法を工夫して再実験ができると，興味深い結果が得られると思いますが，実際に行うのは難しいかもしれません．

この例とは別に，日本の某テレビ番組で，アンドロステノンを用いた通称「Tシャツテスト」という簡単な実験が放映されました（2008年8月）．録画した放送を振り返って解説します．まず男性4人（18～25歳）にシャワーの後に新しいTシャツを着てもらいます．女性10人（18～27歳）には目隠しをして，Tシャツを嗅いで好む男性を選んでもらいます．この結果，女性10人の好みは，それぞれ，4人，3人，2人，そして1人とばらついていました．そこで，好ましいと選択された数が最も少ない男性のTシャツのみにアンドロステノンを散布しておいて，2回目のテストを行いました．結果は，10人中5人の女性がアンドロステノンを散布したTシャツを着た男性を選びました．残りは，3人，1人，1人という結果でした．そこでさらに，3回目のテストを行いました．2回目のテストにおいて，好ましいとした女性が1人だった男性1人にアンドロステノンを散布したTシャツを着てもらい，同様の実験を行ったところ，女性10人中6人がアンドロステノン散布したTシャツを着た男性を選びました．この実験結果は，女性はアンドロステノンを好むということを示しています．ただし，性的な意味であったのか，単なる心地よさであったのかなどは不明です．3回のテスト中，女性が同じ感性で選択しているかなど心理状態も不鮮明です．この種の実験は心理学的な問題を含んでいるので簡単に認めるわけにはいきませんが，面白い結果であることは間違いありません．

　いずれにしても，ステロイドホルモンであるアンドロステノンが男性の体外に放出され，フェロモンとして女性の嗜好性に影響を及ぼしている可能性は捨てきれません．ヒトを対象とする実験は困難がともないますが，現在は脳機能を測定するさまざまな機器が実用化されていますので，さらに研究が進んで明確な結果が現れることを期待します．

6.2.3　アンドロステノール

　第2章で述べたように，ヒトにおいてフェロモンの存在を示した重要な現象は"寄宿舎効果"です．共同生活している女性の月経周期が同調する現象で，女性の腋からの分泌物を別の女性に嗅がせると，月経周期に影響を及ぼすことが明らかになっています．一方，女性の腋からはステロイドホルモンのアンド

ロステノールが多く分泌することが知られており，腋下臭の成分ともいわれています．このアンドロステノールはアンドロステノンの代謝産物です．そこで，このアンドロステノールが寄宿舎効果にかかわっている可能性を検討する研究を，2組の日本人グループが行っています．

研究の結果，寄宿舎効果による月経の同調はすべての女性に起こるわけではありませんでした．そこで，月経の同調が起きる女性と同調しない女性とを分けて，アンドロステノールに対する嗅覚感受性を調べました．すると，月経の同調が起きる女性はアンドロステノールをより敏感に感じていることが明らかになりました（Morofushi *et al.*, 2000）．別のステロイドホルモンであるアンドロステノンに対する感受性には差はありませんでした．

また，アンドロステノールが内分泌系に影響を及ぼしているかを確かめるために，黄体形成ホルモンの放出頻度を血中濃度から調べました．黄体形成ホルモンは脳下垂体から放出され，この放出様式は間欠的にパルス状になることが知られています．パルス頻度は月経周期により変化します．Shinohara *et al.* (2000) は，アンドロステノールを女性の上唇に塗布すると黄体形成ホルモン放出のパルス頻度が高まるということを明らかにし，アンドロステノールが月経周期に影響を与える可能性が高いことを指摘しました．しかし，塗布したアンドロステノールの濃度が腋から出るアンドロステノールの濃度よりかなり高いことから，普段の生活で効果を及ぼしているか疑問視する意見もあります．

アンドロステノンやアンドロステノールはステロイドホルモンに属し，ホルモンとして体内ではたらいています．このホルモンがフェロモンとしてはたらくには，感覚器にステロイドを受容する機構があるかが重要になります．マウスの鋤鼻器中に存在する鋤鼻受容体が，ある種のステロイドを受容していると報告されています（Isogai *et al.*, 2011）．少なくともマウスでは，鋤鼻器においてフェロモンとしてステロイドホルモンを受容して作用している可能性があります．ヒトでステロイドホルモンがフェロモンとしてはたらいているかは今後の研究を待つ必要があります．

一方，鼻腔にステロイド類を散布すると鼻腔の粘膜から吸収されて，内分泌系のバランスなどに影響を与えるという報告もあります．アレルギー用点鼻薬にもステロイドを含んでいるものがあります．したがって，嗅覚系を経由しな

いで，皮膚などから直接体内の血液循環に乗って，ステロイドホルモンとしてさまざまな生理機能に影響を及ぼす可能性があります．動物実験でステロイドホルモンを扱うときは，取り扱いに相当注意しなければなりません．うっかり机上にこぼして他の実験者の皮膚に付着したら大変です．皮膚から吸収されて実験者にホルモン効果を引き起こします．いずれにしても，ステロイド物質はその作用がホルモン作用なのかフェロモン作用なのか見きわめが難しい例が多々あります．先に述べたPDDも同様です．この物質を鋤鼻器に吹きつけたと述べていますが，鼻腔内で粘膜から直接取り込まれる可能性は大いにあります．

6.2.4 低分子量脂肪酸

1970年代はじめ，女性の膣の分泌物に存在する低分子量の脂肪酸（C2～C6）の合成混合物が男性の性的効果を高めるとされて話題になりました．**コプリン**とよばれている酢酸，酪酸，イソ吉草酸，プロピオル酸などの混合物です．もととなったのは，チンパンジーなど猿の膣からの分泌物が雄ザルを誘因する効果があるという報告です（Michael *et al*., 1971）．そして濃度は異なるものの同じ成分が女性の膣から分泌されていることがわかったからです（Michael *et al*., 1974）．低分子量脂肪酸の混合物を男性に嗅がせて女性を評価すると，匂い刺激中は女性に対する評価が高まるというような報告がありましたが，心理学的にさまざまな問題が指摘されてきました．これらの合成混合物は香水の成分としても用いられていましたが，その後の研究で，効果については疑問視されています（イエリネク，2002）．

ほかにも，特許や企業秘密の問題で公表されていないフェロモン候補物質もあると思われます．いずれにしろ，動物のフェロモンに比べて生物検定法に難点を抱えており，「ヒトのフェロモン物質で確定されたものはまだない」といったほうがよい状況です．

6.3 MHC

第2章でも取り上げた **MHC** は，当然のことながらヒトの細胞表面にも存

在し，自分と他人を区別する分子です．たとえば，臓器移植した際などに起こる免疫拒絶反応は MHC に起因しています．つまり，自分以外の細胞・組織が体内に入ると，これを区別して細胞を破壊し，体外に出す機構です．細菌が体内に侵入した場合，この機構により感染を防御することが可能となります．もちろん，防御能力が弱く不幸にも感染してしまうケースも多いです．この役割を担うのが白血球です．白血球が自分と他人を区別する分子を認識することから，ヒトでは 1952 年に抗白血球抗体として発見されました．このため，MHC 分子は「ヒト白血球抗原（HLA）」ともよばれています．MHC はクラス I とクラス II に分類され，クラス I には 3 億以上の分子種があります．したがって，「自分と同じ MHC 分子をもつヒトはいない」といってもよいと思います．臓器移植の際に使用される免疫抑制剤は，この MHC 認識機構を抑制する作用をもっています．

　先に述べた T シャツテストを利用して，MHC の違いによる嗜好性を調べました．男性に一晩 T シャツを着てもらい，女性を被験者としてその匂いの好みを調査した結果，MHC が自分と異なる男性の匂いを好む傾向にあることが示されました（Wedekind et al., 1995）．MHC の相違で体臭にかかわる匂い物質に差があるのか，あるいは量的な差があるのかなど詳細は明らかにされていません．実は結婚相手を選ぶときにも，あまり MHC が近い人を選ばない傾向があるといわれています（柏柳，2011）．結婚相手として，MHC が遠いものを選ぶ理由は，生命体として強い個体をつくるためと考えられています．先に述べたように，心理学的な実験では女性の好みを調べると自分の父親と同じ MHC をもっている男性をあまり好まないことが結果として明らかに出ています．ところが，大変面白いことに先の実験結果は条件によって逆転することがわかっています．それは女性がピルを飲んでいる場合です．一般の女性は MHC の違う男性を好んだのに対して，ピルを飲んでいる女性はでは MHC の近い人を好むようになるというのです．ピルを飲むと擬妊娠状態になるので受精できません．この状況では MHC が近い異性を好むようです．

　妊娠適齢期には MHC の遠い存在を好むようになり，それ以外のときは MHC の近い存在を好むということは，年頃の娘が父親の臭いを嫌うようになるのは加齢臭のためでなく，生殖可能になった女性の体が遠い遺伝子を求めて

いることの証ということもできます．そのように考えれば，父親は娘に嫌われたと無用に悩むよりも娘の成長を喜んだほうがよいと思われます．

　しかしながら，MHC の異なるヒトが同時に体臭も異なるのか，また，MHC の相違はフェロモンの相違にかかわるのかどうかは明らかになっていません．結局，どのようなメカニズムで MHC の相違を我々の脳が認識しているのかは不明です．好き嫌いのようなヒトの好みに，MHC の相違がどのようなメカニズムでかかわっているかわからないのです．本当に不思議です．今後の研究の成果を待ちたいと思います．

加齢臭

　加齢臭について第 2 章でもお話ししました．"加齢臭"は加齢により体臭も変化するという意味で命名されました．最も有名な物質は，資生堂の研究所で発見された 2-ノネナールです．皮脂に含まれる不飽和脂肪酸が酸化分解されて生じる不飽和アルデヒドで，男性は 50 歳後，女性は閉経後から増加傾向が見られます．ろうそく・チーズ・古本のような臭いがします．ほかにも，ライオン油脂がノネナールとは別にペラルゴン酸が加齢臭の成分の 1 つであると発表しています．一般的に，男性は汗や皮脂などの老廃物の分泌が女性と比べて多いので，体臭も強いものとなります．また，男性ホルモンが皮脂腺の発達を促し，皮脂が大量に分泌されるため強い悪臭を発する原因となります．これらさまざまな要因が重なって加齢臭となります．加齢臭を防ぐには，身体を清潔に保つことともに，酸化を防ぐ酸化還元剤と抗菌剤が有効と考えられています．化粧品会社は加齢臭を悪者にして加齢臭を防ぐ化粧品を多く発売しており，商売上手です．

　これらの物質をフェロモンとよんでもよいものなのかどうか？　おじさんが若い女性を寄せつけないような効果があるのだろうか！　最近，東大の東原和成教授のグループが，幼いマウスの涙の中に雄の性的興奮を抑える"ESP22"というフェロモンが存在することを発見し，興奮を抑える物質ということで話題になりました（Ferrero et al., 2013）．興奮を抑えるという意味では同様に思えますが，加齢臭物質をフェロモンとよぶのはいささか気が引けます．

2-ノネナール　　　　　ペラルゴン酸

6.4 ヒトの鋤鼻器

　ヒトにフェロモンが存在することはほぼ確かなものとなってきましたが，大きな問題があります．それは，「ヒトに鋤鼻器あるいは鋤鼻系は存在するのか？」ということです．解剖学の教科書には，「ヒトの鋤鼻器は胎児期あるいは新生児期には存在が認められるが，大人になると退化して，仮に存在しても痕跡程度である」と記載されています．しかし，1991年パリで開催されたシンポジウムにおいて，成人のほとんどで鋤鼻器が確認されたと報告され話題となりました（Moran et al., 1991; Stensaas et al., 1991）．ヒト成人の鋤鼻器は鼻中隔前下方に開口する小孔あるいは粘膜の陥凹であり，他の哺乳類のものは盲管状で，器官としての形態を示すものとは構造が異なります．その後の報告によると，成人が鋤鼻器をもつ割合は，3〜10割と差があります（表6.1）．また最近の研究では，鋤鼻器が存在しても機能しているか疑わしいと報告されています（Witt and Wozniak, 2006）．すなわち，組織学的な解析によれば，ヒト成人の鋤鼻器と報告されている組織構造は他の哺乳類と比べて上皮の構造が薄く，いくつかの機能分子（OMP，TRPC2など）が存在していません．また電子顕微鏡による観察では，鋤鼻ニューロンのフェロモン受容部位に存在する微絨毛の発達が，他の哺乳類のものに比べて極端に貧弱です（Moran et al., 1991；図6.2）．これらの形態学的特徴から，ヒトの鋤鼻器は機能していない可能性が高いのです．たしかに論文の写真を見る限り，とても機能しているとは思えません．臨床的な鼻腔の手術で鋤鼻器に損傷を与えることがありま

表6.1　ヒトにおける鋤鼻器の保有率

論文	保有率	比検体	検査方法
Jonson et al. (1985)	39%	生体	内視鏡
同上	70%	解剖体	組織標本
Moran et al. (1991)	100%	生体	内視鏡
Caafar et al. (1998)	76%	生体	内視鏡
Trotier et al. (2000)	26%	生体	内視鏡
山本 (2000)	51%	生体	内視鏡
Knecht et al. (2001)	64%	生体	内視鏡
Witt et al. (2002)	65%	解剖体	組織標本

第6章　ヒトのフェロモン

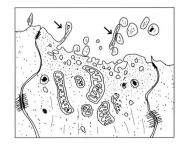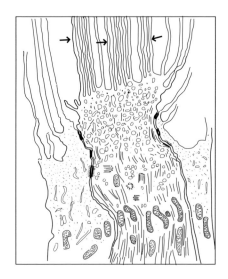

図6.2　ヒト（左）とヤギ（右）の鋤鼻器の論文に掲載されている電子顕微鏡写真からの模写図
ヒト鋤鼻器について論文（Moran et al., 1991）では，鋤鼻ニューロンと述べているが，ヤギの鋤鼻ニューロン（Ichikawa et al., 1999）と比べて微絨毛（矢印）が短いうえ，数が少なく貧弱で，とても機能しているとはいえない．

すが，その患者が治療後に何らかの障害を認めた報告はないといわれています（三輪，1999）．このように，痕跡なのか機能しているのか，ヒトの鋤鼻器のはたらきについては未だ明確ではありません．さらに，ヒトの鋤鼻系にとって重大な事実は，第一次中枢の副嗅球が確認されていないことです．これまでの報告がどれほど詳細にヒトの嗅球部位を検索したか明確ではありませんが，いわゆる，他の哺乳類がもつような"発達した"副嗅球はないようです．ただし，副嗅球より高次の中枢に位置する扁桃体の内側部，および視床下部は存在します．

このように，ヒトの鋤鼻器は機能しているか怪しい，また何割かのヒトは鋤鼻器を保有していない，さらに鋤鼻器があっても副嗅球が存在しない，これらを総合すると，ヒトには神経経路として鋤鼻系がないといってもよいと思われます．では，ヒトにフェロモンが存在するならば，どのようにしてフェロモンは受容され，機能発現をしているのでしょうか．

6.5 ヒトのフェロモン作用機序

　ヒトのフェロモンについてこれまで述べてきたことをまとめてみると，①フェロモン物質は確実なものはまだ同定されていないが，フェロモン効果は認められている，②ヒトには他の哺乳類のような鋤鼻器および副嗅球が存在しない，つまり鋤鼻系は存在しない，ということになります．

　そこで，ヒトでフェロモンがはたらいているとすれば，鋤鼻系とは別の伝達経路がなければなりません．有力候補は主嗅覚系が考えられます．2000年にモンバートらによりヒト嗅覚器に鋤鼻受容体が存在する可能性が報告されています（Rodriguez et al., 2000）．フェロモンは嗅粘膜に存在する嗅細胞が受容し，その情報は主嗅球に運ばれます．主嗅球からの線維は大脳辺縁系の外側部に広く分布しますが，その一部は扁桃体各部位にも投射します．この主嗅球からの線維が投射する扁桃体領域から，鋤鼻系の中枢としてはたらく扁桃体内側部へ情報が運ばれれば，視床下部までフェロモン情報が到達することになります（図6.3）．

---

column　フェロモン入り香水

　インターネットで，「フェロモン」をキーワードに検索をかけるといろいろな香水が出てきます．これらは，商品説明でフェロモン入りと記載してあります．しかし，本当にフェロモン，しかもヒトのフェロモンが使われているのでしょうか．10年以上前，学会誌に「香水にフェロモンの効果を明記すると，日本では薬事法に基づく治験データの提出が必要となる」と記載がありました（和智，1999）．現在でも同様の法令のもとで管理されているのかどうか，法律の知識がないのでわかりませんが，治験をするとなると製品化は難しいと思います．ヒトのフェロモンだということをどのように実証するのでしょうか．また確実に効果があるのかを証明できるのでしょうか．

　一方，ステロイドホルモンであるアンドロステノールが微量調合されている香水は，聞いたことがあります．効果はわかりませんが，アンドロステノールはヒトフェロモン候補物質であることは間違いありません．みなさん，もし見つけたら試してみたらいかがでしょうか？　効果については責任をもてませんが．

第6章 ヒトのフェロモン

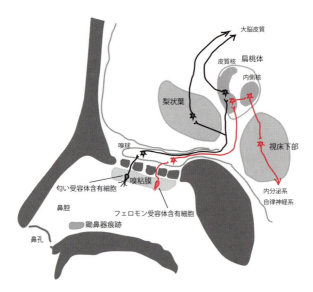

図6.3 ヒト嗅粘膜内に存在する匂い受容体含有細胞の神経路およびフェロモン（鋤鼻）受容体含有細胞の神経路

　主嗅覚系を利用して，フェロモン情報が扁桃体の内側部さらに視床下部に到達し，最終的には内分泌系および自律神経系を制御する可能性は十分あり得ます．しかしながら，ヒトのフェロモンの作用機序が明らかになるにはまださまざまな検討が必要です．とはいえ，ヒトがフェロモンを用いてコミュニケーションをとっている可能性は高いようです．このことを考慮すると，最近特に気になることがあります．それは，脱臭剤の存在です．女性の過度な香水の利用は昔から気になっていたのですが，最近若い男性も体臭を気にするあまり香水や脱臭剤を身につける傾向が増えているといいます．このことは正常なフェロモンコミュニケーションを妨げることにならないか？　源氏物語に出てくる薫の君ほどでないにしても，折角の優秀なフェロモンを除去し，香水でブロックしてしまっては元も子もないと思います．たしかに，汗臭い身体は嫌なものです．しかし，さっとシャワーで流す程度にして，過度の濃度の香水や脱臭剤を用いるのはできるだけ避けたほうがよいと思います．なお，さらに積極的にフェロモン効果を楽しむ方法を次のように考えてみました．

6.6 フェロモンを楽しむ

　ある同年代の友人から,「ヒトのフェロモンを発見して合成できたらぜひ分与をお願いします」といわれています．老いをフェロモンでカバーして人生を楽しみたいとのことです．筆者（市川）も同感です．しかしながら，筆者の研究寿命中には物質の同定は難しそうです．そこで，ヒトフェロモンがあると仮定して，より楽しむ方法はないか検討してみました．

　まず，フェロモンを発散させる方策です．ヒトフェロモンは，おそらく汗腺の1つのアポクリン腺から放出され，もう1つの汗腺であるエクリン腺から出る汗と一緒になり体表に発汗されます．したがって，スポーツを楽しむのがよいでしょう．チームプレーで勝利の感激を分かち合うため抱き合ったり，ハイタッチするのはフェロモンを利用してチームワークを高めるため大変よい行動です．駅伝で汗にまみれたタスキを受け渡す行為も，フェロモンコミュニケーションに最適です．サッカー等の試合の後，汗だらけのユニホームを交換するシーンがあります．戦いの後，興奮を静める安寧フェロモン効果があるのだろうかと連想してしまいます．お互いが汗だくでいるので，それほど汗の匂いは気にならないでしょう．男女混合チームなら最高です．

　次に食物です．体臭は食生活に依存しています．日本人に合った食物を摂取することにより体臭を制御すべきです．現代食では，本来の日本人の食生活に合わない牛肉・豚肉をとりすぎるので体臭がきつくなるとも考えられます．日本人に合った食物は，いわゆる縄文食だと思います．タンパク質は牛肉や豚肉より魚介類からとるべきです．豆類根菜類もよいですね．体臭がきつくなるとフェロモンコミュニケーションを阻害しかねません．人種によって体臭が異なり，異人種の体臭が気になる場合が多いのは食文化の違いだといわれています．味噌臭い日本人，ニンニク臭い韓国人などよくいわれます．しかし，同人種は気になりません．したがって，同人種間では体臭があってもそれほどフェロモンコミュニケーションには支障がないと思えます．日本人としての体臭を身につけ，フェロモンコミュニケーションを楽しみましょう．

　最もフェロモンを発散させる方法は，やはり新しい恋をすることでしょう．胸をときめかせることが必要です．体内のホルモンのはたらきを高めることに

より，フェロモンの放出を促進することになります．だからといって，中年の方に不倫を奨励しているわけではありません．既婚者はほどほどにすべきかもしれませんね．一方，年はとっても，親子間，夫婦間でもフェロモンコミュニケーションは必要です．母性フェロモン，安寧フェロモンも大いに使うべきです．

　スポーツ，食物，恋などは，実は加齢を防ぐ方策でもあります．適度な運動をし，食生活に注意を払い，恋をする（表現を変えると新しいものに挑戦する）ことは，まさに老化を防ぐ方策として紹介されていることです．フェロモンコミュニケーションを楽しむことは，老化を防ぐことにもなるのです．

▶▶▶ Q & A ◀◀◀

Q ヒトのフェロモン候補物質として，プレグナジエンジオン（PDD）の紹介がありました．この物質は商品化されているのでしょうか．

A 商品化されました．発見者の1人のバーリナーが特許を取得して会社（Pherin Pharmaceuticals 社）を設立し，フェロモン入り香水として販売しました（商品名は忘れました）．販売実績はわかりません．インターネットで検索する限りでは，現在は販売されていないようです．この会社は，最近では PDD を神経内分泌系障害治療のための医薬品として利用するべく研究開発を行っています．

Q アンドロステノンについてです．皮膚科の臨床では塗り薬のステロイド剤は（飲み薬や点滴と違って）全身的な副作用は普通ないとされています．そう考えると，嗅覚系以外，特に皮膚経由のルートで影響を及ぼす可能性は低いのではないですか．

A 塗り薬のステロイド剤は副作用がないといわれていますが，含有量が安全の範囲なのでしょう．しかし，長期的に使用するのは問題があると思います．副作用というのは，他の臓器に弊害が出るということです．それほどの状態になるにはかなりの量が必要ではないでしょうか．ホルモンは極微量で作用するものです．フェロモンはさらに微量だと思います．塗り薬に含まれる量のステロイドで劇的に皮膚症状が改善されることを考えると，逆に皮膚経由ルートで細胞に何らかのはたらきかけが可能であると考えます．

Q 鋤鼻器をもつ人ともたない人がいるらしい，とのことですが，もっていると思われる人ともたない人を比較したような研究はないのでしょうか．形態学的に見て機能しているか疑わしいとありますが，実際に機能しているかどうかを感覚から検証する方法はないのでしょうか．

A 鋤鼻器をもつ人ともたない人で，機能・行動を比較する実験は興味あります．しかしながら，これまでにそのような比較をした報告はありません．耳鼻科の先生に問い合わせたところ，「病院で患者に対して実験はできません．大学で実験に参加する被験者を学生から募るのがよいと思いますが，実際は難しいでしょう」とのことです．バーリナーのグループが，ヒトフェロモン候補物質の PDD をヒトの鋤鼻器に吹きつけ電位変化を調べた実験が報告されています．実験方法や解析方法に問題があり，報告はあまり信用されていません．鋤鼻器が存在したとして，この器官のみを刺激するのは難しいと思われます．また，耳鼻科の先生からは，鋤鼻器が存在すると思われる部位を外科的に切除した症例で鋤鼻機能が失われたという臨床報告等はないと聞いています．

研究者仲間で，人格に裏表のある人物を見抜くのが得意な人を「鋤鼻のある人」，よくだまされる人を「鋤鼻のない人」と言い合って楽しんでいましたが，根拠は全くありません．

Q 上記に関連し，鋤鼻器の痕跡を残していやすい人と痕跡を失いやすい人はいるのでしょうか．たとえば，男女差，地域差，年齢差（胎児期・新生児期に存在が認められるとありますが）など．

A ヒトの鋤鼻器に関する上記質問のような疫学的調査はほとんど行われていません．フェロモンを感じやすい人と感じにくい人は心理学的に区別できそうですが，鋤鼻器の有無との関連になると検査が大変になります．興味はあるので協力してくれる研究者がいれば実施したい実験です．今後の研究で，鋤鼻器痕跡の有無にかかわっている遺伝子が明らかとなれば，年齢差以外のファクターは網羅的に解析可能かもしれません．

Q ヒト嗅覚器に鋤鼻受容体が存在する可能性が報告されているとのことですが，この受容体はフェロモン受容に特化しているのでしょうか．

A ヒトフェロモン物質を受容していると考えられます．受容体が受容する物質（フェロモン候補物質）を同定できると多くのことが明らかになると思います．近いうちに見つけられると期待しています．

第6章　ヒトのフェロモン

 人種の差による体臭の差の話がありました．同様に，各家庭特有の匂いやペットの匂いなど，常に嗅いでいる匂いがわからなくなることは日常経験していることです．どうしてそうなるかは，どの程度わかっているのでしょうか．

 嗅覚には"慣れ"という現象があります．最初強く感じていた匂いが，次第に弱くなり，最後には感じられなくなります．時間経過に個体差があります．嗅覚にある受容細胞の受容機構に"慣れ"が起きるケースと，嗅球あるいはさらに高次中枢で起きるケースがあります．まだ詳細は不明ですが，高次中枢では，学習・記憶の機構を利用して特定の感覚情報を抑制して感じなくしているようです．自分の体臭・口臭は感じないなど身近に経験する現象です．

第1章のQ&Aでも述べましたが，感覚は絶対値ではなく相対値です．ノイズと感じる感覚をどこに設定するかで感知するものは変わってきます．常日頃自分が感じている匂いはバックグラウンド臭になり，ノイズとして処理されてしまうでしょう．結局感覚というのは，日常から非日常をどのくらい拾うかであるといえます．そのため，人それぞれ感じ方が違うのです．これを決定しているのは生育条件であったり環境条件であったり遺伝的要因であったりします．

感覚の違いがわかりやすい例をご紹介します．自閉症という先天的な発達障害があります．他者とのコミュニケーションが苦手なことから社会性の障害と考えられていますが，そのうちの少なくとも一部の方は強い感覚障害をもっています．多くの方はシャワーの水を「痛い」と感じないと思いますが，自閉症の方でシャワーを強く拒否するような人は，実はシャワーの水が痛くてしかたがないのだそうです．また別の方は，カメラのフラッシュで気絶するほどの強い衝撃を受けるそうです．多くの人は眩しいと感じる程度と思います．このように同じ刺激でも感じ方が全く違うのです．なぜこれほどまでの違いが出てしまうのでしょう．これまでの生命科学は，疾患や障害をもつ方からの情報で解明されてきた事実がたくさんあります．感覚の個人差が明らかになることで，感覚調節に関するメカニズムも解明できるのではないかと思います．

7 フェロモンを感じる神経系（鋤鼻系）研究の流れ

　この章では，次章で研究最前線を紹介する前に，鋤鼻系の研究が現在の状況にいたるまでの流れのいくつかを，筆者（市川）の経験を盛り込みながら紹介したいと思います．

7.1　鋤鼻系は副嗅覚系？

　第4章ですでに紹介したように，鋤鼻器はデンマークの従軍医師ヤコブソン（Jacobson）により発見されました．彼はこの器官について論文をフランス語で書いて雑誌に投稿しましたが，取り上げてもらえませんでした．しかし，彼の師であるキュビエにより"ヤコブソンの器官"として，1811年にフランス国立自然史博物館誌に紹介されました．ところが図の掲載がなかったため，内容はよく理解されませんでした．論文は1813年にデンマーク語で発表されましたが，論文がデンマーク語であったためあまり注目されず，ヤコブソン器官（鋤鼻器）のはたらきは長い間不明のままでした．彼が死ぬまでフランス語の論文はついに出ませんでした．フランス語の論文は死後100年以上を経て1950年に出版され，さらに1998年に英訳されてChemical Sensesという雑誌に紹介されています（Trotier and Dovong, 1998）．ヤコブソン自身はこの器官を分泌器官と思っていたようです．1977年，Winansらの実験により，雄ハムスターの鋤鼻器を壊すと性行動に影響を及ぼすことが見い出され，鋤鼻器はフェロモンを受容する器官であることが示されました（Winans and Powers, 1977）．Winansらの研究に端を発し，鋤鼻系で多くの研究が

行われ，1970年代の終わりまでには哺乳類の匂いにかかわる神経系が，主嗅覚系と鋤鼻系の2つあることが明らかになりました．しかしながら，筆者（市川）が鋤鼻系について研究を開始した1985年頃は，まだ学会でも鋤鼻器の存在はほとんど知られてない状況でした．研究内容を説明する際に「鋤鼻器？知らない！　どんな器官なのですか？」という会話からはじまるのが常でした．また当時，鋤鼻系は"副嗅覚系"とよばれていました．英語名も"Accessory Olfactory System"でした．筆者の鋤鼻系にかかわる最初の論文は，副嗅球を破壊した後に扁桃体で起こるシナプスの可塑的変化を調べたものですが，accessory olfactory pathwayと表記しています（Ichikawa, 1987a; Ichikawa, 1987b）．しかし研究を進めるうちに，独立した機能があるにもかかわらず「副」がついているのは適当でないと思うようになりました．欧米においても鋤鼻系の研究者は同様の考えで，受容器である鋤鼻器（Vomeronasal organ）をもとにこの神経系を"Vomeronasal System"と名づけようという機運が高まっていました．筆者の1992年の論文では，vomeronasal systemと表記されています（Ichikawa *et al.*, 1992）．そこで，日本語表記でも鋤鼻系という呼称を提案しました．1995年頃のことです．当時，鋤鼻器の研究者間でも，鋤鼻嗅覚系，鋤鼻神経系など複数の呼び名を用いていましたが，今では鋤鼻系に統一されつつあります．

7.2　フェロモンの記憶

"ブルース効果"は，雌マウスが交尾から着床の間に交尾相手でない雄に曝露されると妊娠が阻止される現象です．発見者ブルースにちなんでそうよばれていることはすでに第3章でも紹介しました．これは，交尾相手と異なる雄の匂い刺激により生じます．本来，雌マウスは，雄の匂いを嗅ぐと発情が誘起されます．それによるホルモン変化は，発情サイクルを回す方向にはたらきます．そのため，着床前（交尾後4日頃まで）に発情サイクルが回ってしまうと着床できずに新たに排卵する準備へと導かれてしまうのです．雄フェロモンによる妊娠阻止を防ぐため，雌マウスはつがいを形成した交尾相手のフェロモンを記憶し，一緒に行動してもそのフェロモンでは発情しないようコントロー

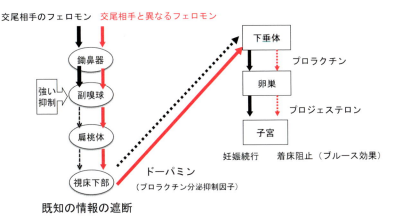

図 7.1　ブルース効果にいたるメカニズム
　　　交尾相手のフェロモン情報は，副嗅球より先に情報が流れない．市川（2008）より改変．

ルすることで妊娠の維持を図っていると考えられています．着床までの期間に記憶していない新規の雄フェロモンに曝露されると発情が誘起され，妊娠阻止にいたるというわけです（図7.1）．ブルース効果は，妊娠阻止（流産）という劇的な生理現象にばかり目が向けられますが，その基盤になっているのは，雄マウスと雌マウスの伴侶としての絆形成なのです．特に，雌マウスは交尾相手を特別な個体であると認識するために，フェロモン情報を強く記憶していると考えられます．フェロモン記憶は，交尾という体性感覚経由の刺激と，フェロモンという広義の嗅覚刺激が必要で，ある意味それらの連合学習といえます．そこで，このフェロモン記憶のメカニズムが記憶研究のモデルになると考えて，1995年頃からこの研究の第一人者である高知大学の椛秀人先生との共同研究がはじまりました．

　すでにその記憶の座が副嗅球という鋤鼻系の第1次中枢にあることが確かめられていましたので，副嗅球内の局所回路に着目して研究を行いました．我々は，交尾後24時間の雌マウス副嗅球を電子顕微鏡で観察しました．すると，MT細胞層に存在する樹状突起間相反性シナプスの興奮性シナプス部分の後膜肥厚が増大することがわかりました（Matsuoka et al., 1997；図7.2）．交尾刺激は延髄の青斑核を経由し，ノルアドレナリン線維で運ばれ，副嗅球に到達します．直接膣に物理的刺激を行うと，ノルアドレナリンは脳内で大量に放

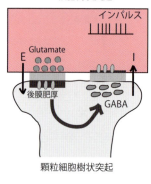
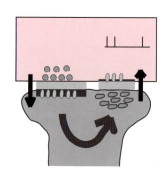

図 7.2 交尾刺激に起因した樹状突起間相反性シナプスの変化模式図
　　　交尾直後に MT 細胞から強いフェロモン情報が入力されることで可塑的変化が起き，興奮性シナプス部位が大きくなる．市川（2008）より改変．

出されることが知られています（Guevara-Guzman et al., 2001）．嗅球内のノルアドレナリン量も膣刺激と同時に増加します．すでにノルアドレナリンがシナプスの可塑性に深くかかわっていることが報告されていたため（Bear and Singer, 1986），フェロモン記憶の際に見られた相反性シナプスにも作用して可塑的変化が引き起こされたと考えられます．

　シナプス後膜肥厚は，シナプス伝達物質の受容体やイオンチャネルなどの機能分子が密に存在し，シナプスの機能に重要な部位であります（図 4.12，4.13 参照）．研究当時はまだ仮説でしかありませんでしたが，現在はシナプスの大きさ（実際にはその足場となる樹状突起スパインの体積）とシナプス伝達効率は相関することが数々の実験より示されています（Kasai et al., 2010）．副嗅球での樹状突起間相反性シナプスでの興奮性シナプスの増大は機能亢進をともない，投射ニューロンである MT 細胞から抑制性介在ニューロンの顆粒細胞への伝達効率を高めることになります．すると，顆粒細胞は多くの興奮入力を受けることになるので興奮し，伝達物質である GABA を放出します．顆粒細胞の GABA 放出部位である樹状突起スパインは，MT 細胞特異的にシナプス形成をしています（Moriya-Ito et al., 2013）．そのため，結果的に MT 細胞樹状突起は抑制の入力を受けます（図 7.2）．交尾直後のフェロモン情報

を受けた MT 細胞の過興奮に起因してシナプスの可塑的変化が起こり，回り回って同じ MT 細胞は抑制を受けやすくなるのです（Ichikawa, 2003）．

このため，記憶形成後，交尾相手のフェロモン情報が MT 細胞へ入力してくると，樹状突起レベルで抑制を受け，高次中枢には送られません．一方，交尾相手と異なる新規のフェロモン情報（実験では別系統の雄マウスを使用）は，抑制を受けることなく高次中枢に送られ，発情を引き起こす機能がはたらき，妊娠維持に必要なホルモンバランスが乱れ，妊娠を続行できなくなります（図 7.1）．

副嗅球の樹状突起間相反性シナプスでは，特定の情報を抑制するという大変巧妙なメカニズムがはたらいていると考えられます．つまり，既知情報はブロックし，未知情報を通すというしかけになっているのです．シナプスの可塑的機能をうまく利用して，雌マウスはフェロモンを記憶していると考えられます．また，出産によってこのフェロモン記憶は消去され，雌マウスが再び同じ雄または新しい雄と交尾をした際に，新たなフェロモン記憶がつくられるといわれています．生命のダイナミズムにともなって変化する記憶としてとても興味深いです．しかしながら，ブルース効果にかかわるフェロモン物質はいくつか候補が挙がっていますが，確定されていません．

この研究結果は，記憶のシナプスメカニズムの解明ということを強調して一流紙の Nature と Science に投稿しましたが，両者とも掲載は拒否されてしまいました．その残念な思いを糧にしてさらに研究に勢力を注ごうと，科学技術振興事業団の大型予算である戦略的基礎研究推進事業（CREST）に応募したところ，幸運にも採択されました．この結果，鋤鼻系の研究を仲間とともに大いに推進することができました．

世の中では 2000 年前後から，光学技術の発展にともなって高性能な<u>共焦点顕微鏡</u>が普及しはじめました．そのため，生きた細胞の細部を経時的に観察できるようになったのです．特に，二光子顕微鏡はより深部の画像が取得できるとあって，観察対象の流行は，分散培養細胞→スライス培養→成体脳と移っていきました．そうした技術を使ってリアルタイムに樹状突起スパイン（第 4 章 解説「樹状突起スパインとシナプス」参照）の変化を見る研究が多く行われました．大脳皮質や海馬の錐体細胞を用いた実験では，単一のスパインに刺

激を加えると最初小さかったスパインが体積を増して大きくなることが証明されました（Kasai *et al.*, 2010; Lee *et al.*, 2009）．もともと大きいスパインはそれ以上大きくはなりません．副嗅球顆粒細胞の樹状突起スパインも，同じようなメカニズムで記憶形成時にスパインの増大が起こっていたと予想されます．副嗅球では，生後新生したニューロンが運ばれてきて，コンスタントに一定数の顆粒細胞が入れ替わっていることがわかっています（Sakamoto *et al.*, 2011）．新生してきた顆粒細胞は，まだ大きな樹状突起スパインをもたないので，新しい記憶の回路をつくるのにうってつけです．そのような顆粒細胞がフェロモン記憶形成時に一役買っている可能性があります．遺伝子工学的にニューロン新生を阻害した雌マウスは，交尾頻度に対する出産の割合が減少することが示されています（Sakamoto *et al.*, 2011）．これは，交尾時にフェロモン記憶がうまく形成できず，相手雄を新規雄と勘違いし，相手雄でもブルース効果様の現象が起きて着床阻害にいたるためと思われます．

7.3 鋤鼻器の系統発生学的研究

　鋤鼻系で研究を進めて10年ほど経て，鋤鼻器の形態や機能が次第に明らかになっていました．しかし，そのもととなっている動物はほとんどが実験室で飼育されているネズミのラットやマウスのものです．第4章でも紹介したとおり，研究室で実験をするためにはしかたがないのですが，他の哺乳類もマウス・ラットと同じなのか？　特に野生動物ではどうなのか？　という疑問に駆られ，いろんな動物の鋤鼻器を調べてみようということになりました．つまり，比較解剖学，あるいは系統発生学を行おうというわけです．いろんな動物の鋤鼻器を比べ，その動物の生息環境や行動を考慮して鋤鼻器の機能を知ろうというものです．

7.3.1　系統学的研究発想のきっかけ

　スタートとなったのは済州島のヤギです．済州島は韓国の南に位置する島で，野生のヤギの生息地として知られています（といっても，後でわかったことです）．済州島にある済州大学には，かつて筆者（市川）の勤務する研究所に留

学していた申教授がいます．彼は筆者がマラソンを趣味にしていることを知っていたことから，「済州島でマラソン大会がはじまったから参加しないか」と誘ってきました．1996 年のことです．休暇をとり出かけたのですが，結局，大学での講演も引き受けることになりました．しかし幸運にも，講演後の宴会の席で済州島に生息する野生のヤギが話題になり，野生動物の鋤鼻器を調べられるということで，とんとん拍子で共同研究が決まりました．後日，済州大学から標本が送られてきて観察した結果が論文になりました（Ichikawa et al., 1999）．まさにマラソン外交を行ったわけです．このとき，済州島のヤギの鋤鼻器はラットやマウスとは形態が異なることに気づきました．

そこで，野生が理由で異なるのか，動物の種が異なるためなのか，他の哺乳類とも比較することにしました．ヤギは鯨偶蹄目（column「鯨偶蹄目」）ですので，まず奇蹄目のウマを調べることになりました．ウマの鋤鼻器を手に入れるのは大変だと思っていたところ，東京大学の森裕司先生の紹介で JRA（日本競馬会）の中央研究所に行き，競争馬（サラブレッド）の解体に参加して鋤

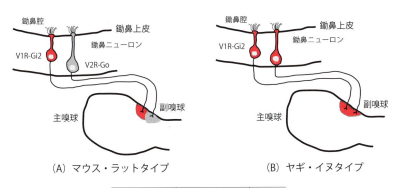

動物名	分類（目）	タイプ
ラット	齧歯目	A
ヤギ	鯨偶蹄目	B
ウマ	奇蹄目	B
スンクス	トガリネズミ目	B
イヌ	食肉目	B
マーモセット	霊長目	B

図 7.3　鋤鼻ニューロンの副嗅球への投射様式
発現する鋤鼻受容体の種類に応じて前後に分離されるタイプ（A）と，そうでないタイプ（B）の動物がいる．市川（2008）より改変．

鯨偶蹄目

　古来の生物分類学は，特徴的表現型を比較することで近縁な種を割り出す方法を行っていました（形態分類学）．そのため，それぞれの分類名（目）には，それら独特の形態的特徴がつけられているものが多いです（奇蹄目，翼手目など）．1990年代から飛躍的に技術発展したゲノム解析法により，多くの動物のゲノム解析がなされました．これらの結果を用い，ゲノムの変化率から種が分岐した時期を算出する分岐分類学（または分子系統学）による系統分類の見直しが行われました．
　従来の分類法では，ラクダ，ウシ，カバ，ブタなどの間より，クジラやイルカとのほうが遠い関係にあると考えられていたため，偶蹄目とクジラ目に分けられていました．しかし，ゲノム上の特定の反復配列を比較する方法などでクジラの仲間の分岐時期を算出したところ，最も近縁の陸上動物であるカバとの分岐時期は，カバと反芻動物（ウシなど）の分岐よりずっと最近起きていたことがわかりました（Nikaido et al., 1999）．さらに，クジラ，カバ，反芻動物を含めた共通祖先とブタやラクダなどの分岐はもっと古いことがわかりました（図）．分岐分類学は，分岐した根元の時代まで遡り，含まれるすべての動物を同じ項目に分類するというルールがあります．従来の偶蹄目の分岐点まで遡ると，そこにはすでにクジラの仲間が含まれていることになります．そのため，分類名を改め"鯨偶蹄目"と表現するようになりました．

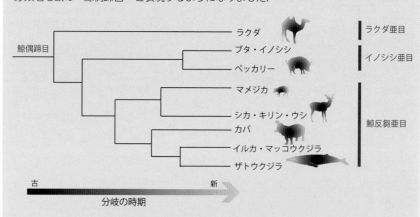

図　分岐分類学による鯨偶蹄目の系統樹
　右側で分岐しているもののほうが新しく誕生した種となるため，近縁である．Nikaido (1999) より改変．

鼻器を採取することができました．馬の解体という貴重な経験もしました．食肉目は，研究所でネコを実験で使っている研究員に頼みました．霊長目は，新世界ザルの鋤鼻器を実験動物中央研究所から提供していただきました．生殖能力がなくなり引退する（安楽死）寸前のマーモセットです．また，翼手目のコウモリは多摩動物公園に連絡しておいて，提供していただきました．これらの研究は，当時大学院生だった瀧上周君（現 杏林大学）がまとめました．コウモリ以外の哺乳類は，マウスやラットよりヤギに近いことがわかりました．この事実は大変な驚きでした（Takigami *et al.*, 2004）．第4章で紹介したように，これらほとんどの哺乳類の鋤鼻ニューロンはV1R-Gi2のタイプでした（図7.3）．これまで鋤鼻器の形態は実験動物のマウス・ラットで調べられていたので，鋤鼻ニューロンはV1R-Gi2とV2R-Goの2つのタイプが存在するのが一般的だと思っていましたが違ったのです．調べた中では，コウモリには鋤鼻らしいものが見つかりませんでした．旧世界ザルも鋤鼻器がないといわれているので，のちに研究所でサルを実験に用いている研究員からニホンザルの鼻の提供を受け調べてみました．鼻腔の組織標本を作製して顕微鏡で調べてみましたが，結局，鋤鼻器は見つかりませんでした．

7.3.2 さらに広がる系統発生学的研究——脊椎動物の鋤鼻系は陸生化にともない進化し，視覚の発達により退化した

筆者（市川）は，日本の鋤鼻系研究者を集めて1997年に『鋤鼻研究会』という勉強会を行う組織を立ち上げました．広義の研究の目的は「鋤鼻系の理解」ということで一致していますが，研究手法も着眼点も個性的な集団でした．それぞれの視点で意見交換し，共同研究を行いました．15年以上の歳月が流れ，発足当時のメンバーの定年退職やフェロモン研究を取り巻く状況の変化などがあり，鋤鼻研究会は解散となりました．現在は，一世代若いメンバーで，鋤鼻系に限らず化学感覚と行動を研究する新たな研究会へ生まれ変わっています．

鋤鼻研究会のもう1つの特徴としては，研究者の多様性だけでなく研究対象動物の多様性もありました．そのため，研究会のメンバーは<u>系統発生学</u>的な鋤鼻機能について思考を巡らせることができたのです．そこで本項では，鋤鼻

第7章 フェロモンを感じる神経系（鋤鼻系）研究の流れ

研究会のメンバーの仕事を取り上げながら，脊椎動物における鋤鼻系の意義を考えたいと思います．現在の系統分類は分岐分類学という方法が主流になっていますが，ここではわかりやすいように形態分類学的に名づけられた従来の分類（魚類・両生類・爬虫類＆鳥類・哺乳類）に区切って説明します．

魚 類

魚の仲間（無顎類，軟骨魚類，条鰭類，肉鰭類）には鋤鼻器はありません．嗅覚器の構造をキンギョ（条鰭類）の例で説明します．鼻窩というくぼみの中に嗅板とよばれる構造があり，感覚ニューロンが存在しています．そこには，

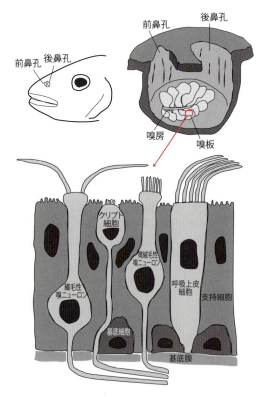

図7.4 キンギョ（条鰭類）の嗅覚器
顔面前方に位置し（上段左），水流が前鼻孔から後鼻孔に流れることによって内部の嗅覚器に匂い物質が到達する（上段右）．嗅上皮には，嗅覚受容にかかわる繊毛性嗅ニューロン，微絨毛性嗅ニューロン，クリプト細胞と呼吸上皮細胞が混在している（下段）．

繊毛をもったニューロンと微絨毛をもったニューロンがあります（図7.4，第4章 解説「繊毛と微絨毛」参照）．繊毛をもつものは嗅覚受容体を発現し，微絨毛をもつものは鋤鼻受容体を発現しています（Hansen et al., 2004）．V1RとV2Rでは圧倒的にV2Rが多く，これらを発現している微絨毛性のニューロンではTRPC2も発現しています（Sato et al., 2005）．つまり，魚には鋤鼻器はないが，嗅板には哺乳類嗅ニューロンタイプのニューロンと哺乳類鋤鼻ニューロンタイプのニューロンが混在していて，それぞれの受容体が応答しています．しかし面白いことに魚類の場合では，鋤鼻受容体はおもにアミノ酸を認識し，摂食行動にかかわっているとされています．一方，嗅覚受容体で受容された情報は，繁殖や危険回避行動を促すことが示されています．

　脊椎動物で進化的に最も古くから生存していたのは魚ですが，脊椎動物の陸生化はどのように起こったのでしょう？ 肉鰭類の肺魚は，アフリカ大陸やオーストラリア大陸の雨期と乾期の差が激しい熱帯亜熱帯域に生息している魚です（図7.5）．幼魚はおもにえら呼吸を行うのに対し，成長にともなって肺が発達し，成魚では肺呼吸を行います．分岐分類学（column「鯨偶蹄目」）では，肉鰭類は，条鰭類などのいわゆる魚が両生類などと分岐した時期よりずっと後になって分岐した（条鰭類より両生類に近い）と考えられています．乾期に河川や湿地が干上がると，肺魚は土壌中で夏眠することが知られています．最初に陸生化を果たした肺魚のような動物は，地殻変動などの影響を受けて図らずも陸上に適応せざるを得なくなったのでしょう．肺魚は，1億年以上前からその形を変えていないと考えられています．そして現存の肺魚は内鼻腔（図7.5）を備えています．後鼻孔は口腔に開口しています．内鼻腔の中には，哺乳類の鼻口蓋と魚類の嗅板の中間のような組織が幾重にも連なって存在します．その底辺の陥没部分には，微絨毛型の嗅ニューロンのみで構成された上皮構造が確認されています（Gonzalez et al., 2010, Nakamuta et al., 2012）（図7.5）．この部分が系統発生学的な鋤鼻原基と考えられます．

両生類

　両生類ではどうでしょう．両生類と一口にいっても，生涯水棲であるアフリカツメガエルのようなものから，ヒキガエルのように変態後，完全に陸上で過

第7章 フェロモンを感じる神経系（鋤鼻系）研究の流れ

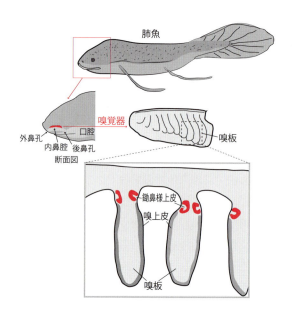

図 7.5　肺魚（肉鰭類）の嗅覚器
その他の魚の仲間にはない内鼻腔が存在する．

ごすものまで存在します．それぞれの動物の生態に応じて鼻腔の構造や特徴はさまざまですが，両生類の鋤鼻系について簡単に表現すると，「両生類には鋤鼻器があり，V2R 遺伝子数の飛躍的増加が見られる」ということです．

アフリカツメガエルの鼻腔は，主憩室と中憩室という 2 つの領域に分かれています．その間には開閉弁があって，呼吸をするときは空気中の匂いを主憩室で嗅ぎ，水中にいるときは中憩室で水中の物質を嗅げるようになっています．

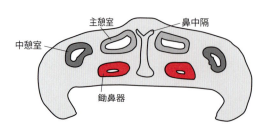

図 7.6　アフリカツメガエル（両生類）の嗅覚器
独立した鋤鼻器がある．

主憩室の嗅ニューロンは繊毛性で Golf を発現していることから，哺乳類の嗅ニューロン同様，揮発性の匂い分子を感知していると考えられます．中憩室では魚類の嗅上皮と同様で，Golf 発現ニューロンと Go 発現ニューロンが混在し，さらに極少量の Gi2 発現ニューロンも存在します（Date-Ito et al., 2008；Hagino-Yamagishi et al., 2004；図 7.6）．こちらは水溶性の物質を嗅いでいると考えられます．鋤鼻器はこれら嗅上皮とは完全に独立して存在しています．そこには Go 発現ニューロンのみが観察されることから，V2R のみが機能的に発現していると考えられます．

　アカハライモリは半水棲で，交尾の際にはソデフリンというフェロモン（第 3 章参照）がかかわることが知られています（Kikuyama et al., 1995）．アカハライモリの嗅覚器は，主鼻腔とよばれる楕円形の空洞に 2 タイプの嗅上皮と鋤鼻上皮が非感覚細胞を挟んで隣接しています（Nakada et al., 2014）（図 7.7）．背側の嗅上皮は哺乳類タイプで，繊毛をもち Golf を発現しています．一方，腹側の嗅上皮は魚類タイプで，Golf 発現ニューロンと Go 発現ニューロンを含んでいます．それらに挟まれて少しくぼんだ位置に鋤鼻上皮があります．おもに Go 発現ニューロンで構成されています．ソデフリンは鋤鼻上皮で最も強く受容されますが，腹側嗅上皮でも応答が見られます（Toyoda and Kikuyama, 2000）．アフリカツメガエルと似た感覚上皮構成ですが，軸索の投射様式は若干異なっています．水中での匂い受容を担う腹側嗅上皮では，発現している受容体の違いによって投射先が決まっており，嗅覚受容体-Golf 発現ニューロンは主嗅球へ，V2R-Go 発現ニューロンは副嗅球へ分かれていま

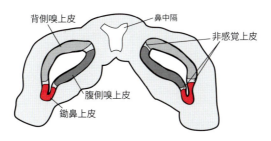

図 7.7　アカハライモリ（両生類）の嗅覚器
1 つの鼻腔に 3 種類の感覚上皮がある．

す(アフリカツメガエルは中憩室のニューロンはすべて主嗅球へ投射している)(図7.8).この違いがどのような行動の違いを引き起こしているのかはまだよく分かっていません.

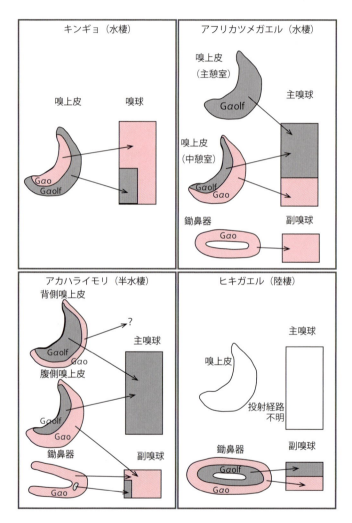

図7.8 両生類の嗅覚系投射経路の模式図
キンギョ(条鰭類)との比較を含む.Go陽性の感覚受容ニューロン(赤色)とGolf陽性の感覚受容ニューロン(灰色)の一次投射先は動物種によってさまざまである.Nakada (2014)より改変.

ヒキガエルの成体は陸棲です．ヒキガエルについては，種によって，または実験者によって報告が異なり一概にはいえませんが，鼻腔と管でつながった鋤鼻器があり，V2R を発現していると考えられています（Hagino-Yamagishi and Nakazawa, 2011）．

爬虫類（鳥類含む）

爬虫類に属する動物は多岐にわたっています．これは爬虫類が，従来の形態分類法では，魚類・両生類・鳥類・哺乳類に属さない脊椎動物という分類であったからです．絶滅した恐竜も爬虫類でした．最近ではほぼ常識化したことですが，鳥類は肉食恐竜であった獣脚類の子孫です．そのため現在，鳥類は爬虫類に含めて考えられています．そのことを踏まえて，爬虫類の鋤鼻器について述べますと，最も鋤鼻器の発達した有鱗目のヘビと，鋤鼻器を完全に消失したワニ目や鳥類が含まれます．大型肉食恐竜であるティラノサウルスは大きな嗅球をもち，嗅覚が大変優れていたといわれていますが，分類学上ワニと鳥の間になるので，鋤鼻器はなかったと考えるのが妥当です（ちなみに，鋤鼻器を取り囲む軟骨は化石として残らないため，真相はわかりません）．余談ですが，獰猛なハンターとしてのイメージのあるティラノサウルスは近年の研究では実はハンター（捕食者）ではなくスカベンジャー（腐肉食者）だったと考えられています．恐竜のハイエナです．現世の鳥類でも腐肉を狙うハゲワシなどは鋭い嗅覚をもっているといわれています．

ヘビ（有鱗目）は，耳が退化しているので聴覚は発達していません．視覚もあまりよくないと考えられています．しかし，ヘビの中にはピット器官という赤外線を感知する独自の感覚器をもつものもいます（Gracheva *et al.*, 2010）．嗅覚も発達しており，鋤鼻器もよく発達しています．ヘビは爬虫類の中で最も嗅覚に依存して生きている動物といってよいでしょう．「ヘビ」と一口でいっても 3000 種以上が現存するので，すべての種で共通性があるか不明ですが，現在のところ次のように考えられています．ヘビ類の鋤鼻器は鼻腔ではなく口腔に開口しており，鼻腔とは独立して存在しています．よくヘビが舌を出してチョロチョロしている（フリッキングという）映像を見たことがあると思いますが，その際空気中の化学物質を舌に吸着させ，口腔に開口して

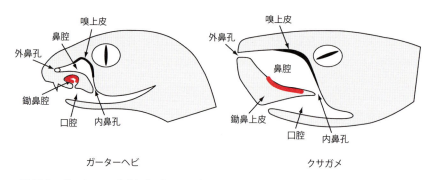

図 7.9　ガーターヘビ（有隣目）およびクサガメ（カメ目）の嗅覚器
嗅上皮（黒色）と鋤鼻上皮（赤色）の位置を示す．若林（2007）より改変．

いる鋤鼻器に運んでいると考えられています（近藤, 2013；図 7.9）．そして，フェロモンを受容するだけでなく，受容した多くの情報を捕食のために使っているといわれています．コーンスネークを用いた解析では，ゲノム上に存在する鋤鼻受容体の数は V1R が数個であるのに対し，V2R 機能遺伝子は 100 以上でした（Brykczynska *et al.*, 2013）．V2R はアミノ酸やペプチドを認識するので，獲物が放出するタンパク性成分を積極的に受容できるように進化したと考えられます．ヘビ類の進化については謎が多く，四肢や聴覚の退化から地中進化説という考え方もあるそうです．その説が正しいと仮定すると，不揮発な物質の多い地中で V2R は有効に外界の情報をキャッチできたと考えられるため，つじつまは合います．

　カメ類は近年のゲノム解析の結果から，進化的にヘビやトカゲよりワニや鳥類に近縁であると考えられています．カメ類もウミガメのようにほぼ水棲のものから，ゾウガメのように完全陸棲のものまでさまざまです．ゲノム解析よりカメの嗅覚受容体は 1000 以上機能的に保存されており，それらの多くはカメとなってから独自に重複した受容体が多いとわかっています（Wang *et al.*, 2013）．このため，爬虫類の中でも比較的嗅覚を使っている種であるといえます．やはりカメもすべての種を調べたわけではありませんが，一般的には次の特徴があります．カメ類には独立した鋤鼻器はありませんが，外鼻腔からつながる広い鼻腔のうち，中央より腹側が鋤鼻上皮領域で，背側が嗅上皮領域となっています（図 7.9，7.10）．鋤鼻上皮に存在するニューロンはおもに Go

を発現していることから，V2R を介した感覚受容を行っていると思われます．カメの最も面白い特徴は，嗅上皮領域の感覚ニューロンの多くが Golf を発現しているだけでなく，Go も発現していることです．これまでに報告されていた動物では，嗅覚受容体を発現する感覚ニューロンは Golf のみを，鋤鼻受容体を発現する感覚ニューロンは Go または Gi2 を発現しています．両方を発現しているニューロンの存在はこれまでの定説に合わないのです．この嗅上皮の感覚受容ニューロンの微細構造を電子顕微鏡で確認したところ，1 つのニューロン上に繊毛と微絨毛の両方が観察されました（図 7.10）．ちなみに，鋤鼻上皮に存在する感覚受容ニューロンでは微絨毛のみが観察されました．免疫電子顕微鏡法で G タンパク質の局在を確認すると，Golf は繊毛上に，Go は微絨毛上に陽性反応が見られました（Wakabayashi and Ichikawa, 2008；図 7.10）．この結果は，化学感覚研究においていくつかの新しい可能性をもっています．1 つは，カメの嗅上皮タイプの感覚受容ニューロンは嗅覚受容体と鋤鼻受容体の両方を発現している可能性があるということです．脊椎動物の感覚ニューロンでは 1 ニューロン 1 レセプターが常識でした．この免疫電子顕微鏡観察の結果は，異型の感覚受容ニューロンの存在を示唆しています．また，嗅覚受容体と鋤鼻受容体がもし同じ細胞で発現したとすると，嗅覚受容体は繊毛に，鋤鼻受容体は微絨毛に選択的に輸送されるシステムが存在することを示唆しています．実際に受容体の分布がどうなっているのかはまだ明らかにされていません．

　この"繊毛—微絨毛共存感覚受容ニューロン"を嗅上皮にもつのは，カメだけなのでしょうか？　実は，同じような感覚受容ニューロンをもつ別の動物が知られています．鳥類です．数種類の鳥の嗅上皮を電子顕微鏡観察した結果，上記の感覚受容ニューロンが確認されています（若林，2007；図 7.11）．鳥類は鋤鼻器をもたず，鋤鼻受容体もすべて偽遺伝子です．なので，微絨毛に機能的な鋤鼻受容体は発現していないと考えられますが，この感覚ニューロンの存在はカメ類と鳥類の近縁さを表しているのかもしれません（図 7.12）．

哺乳類

　現生哺乳類の祖先（単弓類）は，古生代デボン紀後期の生物大絶滅の後（約

第7章　フェロモンを感じる神経系（鋤鼻系）研究の流れ

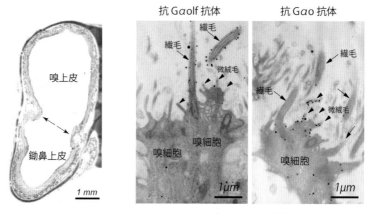

カメ嗅上皮の電子顕微鏡写真

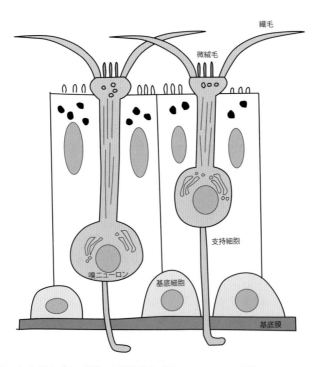

図 7.10　クサガメ（カメ目）の鼻腔および嗅ニューロンの特徴
　クサガメ鼻腔の組織切片（上段左）と嗅上皮領域の電子顕微鏡写真（上段右2枚）．Golf は繊毛のみ，Go は微絨毛（赤色）のみに局在する．下段の模式図では，Go 発現部位を赤で示す．若林（2007）より改変．

7.3 鋤鼻器の系統発生学的研究

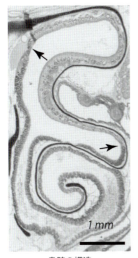
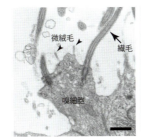
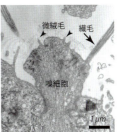

鼻腔の構造

図 7.11　ウズラ（鳥類）の嗅覚器
　　　　鼻腔の組織像（左）と感覚受容ニューロンの電子顕微鏡写真（右）．若林（2007）より改変．

3 億 1500 万年前）に現生爬虫類の祖先（竜弓類）とともに"卵に羊膜をもった生物（有羊膜類）"として誕生したと考えられています．単弓類は誕生当初卵生でしたが，地上の寒冷化にともない，胎生を獲得していったと考えられています．いわゆる哺乳類らしい動物が誕生したのは，ペルム期の生物大絶滅を経た中生代三畳期（約 2 億 3000 万年前）頃と考えられています．三畳期は大気中の酸素濃度が低下していたため，同時期に誕生した変温動物である恐竜の祖先が有利に適応進化を遂げたようです．それから恐竜絶滅までの 1 億 5000 年あまりを原始哺乳類はひっそりと夜の世界で暮らしていたのです．そのため，視覚より嗅覚・聴覚が発達したと考えられています．

　哺乳類の特徴は，胎生および哺乳です．両生類までは大量の卵を産み，数で勝負してきました．カエルや魚の産卵シーンを見たことがありますか？　中にはペアで子育てをする種も存在しますが，多くは産みっぱなしです．雌が産卵した場所に多くの雄が群がって精子をいかに多くふりかけるかを競い合います．一方，哺乳類は限られた数の卵を効率よく育てる繁殖戦略をとりました．

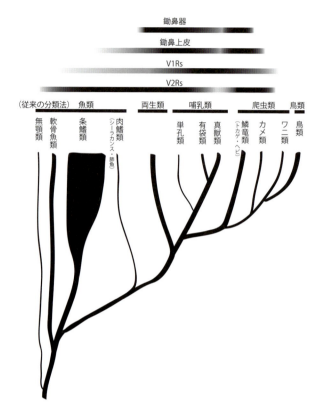

図7.12 脊椎動物の進化と鋤鼻器，鋤鼻上皮，鋤鼻受容体の進化の概念図
独立した鋤鼻器は両生類以降に見られるが，ワニ，鳥類，一部の哺乳類で消失．鋤鼻上皮は，肉鰭類以降に形成されたと考えられる．鋤鼻受容体は，水棲ではV2Rが多く，陸棲はV1Rが多い．哺乳類の多くの種でV2Rは消失．

そのため，選ばれた雄以外は子孫を残すチャンスがなくなってしまったのです．前者では子孫繁栄に偶然的な要因が多く絡んでいますが，後者は必然的に配偶者選択の段階から慎重にならざるを得ません．そこで，発達した嗅覚を配偶者選択に活用するように進化したと考えられます．また，最も哺乳類らしい行動はやはり哺乳です．養育行動を全く行わない哺乳類は存在しません．母と仔が近距離で一定期間ともに過ごすことを可能にしているのにも嗅覚がかかわっていると考えられます．子孫繁栄を支える嗅覚を万全な形で保存するため，2つの嗅覚系である主嗅覚系と鋤鼻系が確立したといえます．

哺乳類の鋤鼻系については，本書のこれまでの章がほぼその内容に該当しますので，改めて必要ないとは思いますが，種差についていくつか説明を加えたいと思います．

単孔類のカモノハシは，卵生で授乳をする原始的な哺乳類です（原獣哺乳類）．単孔類（カモノハシ，ハリモグラ）は哺乳類の中で唯一胎盤形成能をもたない動物で，1億6600万年前に他の哺乳類と分岐したといわれています（Warren et al., 2008）．現生両生類のもつ鋤鼻受容体数は，V1Rはわずか（カエルで20前後）でV2Rが圧倒的に多い（200前後）ため，おもに水に可溶な成分を受容するのに適していると思われます．一方，カモノハシではV1Rが爆発的に増加し，270の機能遺伝子と579の偽遺伝子があります．V2Rは15の機能遺伝子と112の偽遺伝子で，逆に少なくなっています（図7.13）．V1R機能遺伝子は嗅覚受容体機能遺伝子とほぼ同数存在しています（Grus et al., 2007）．V1R遺伝子数はマウスをしのぎ，遺伝子解析された現生動物では最大です．一般的に，V1Rの数はその活動周期，巣棲，生息環境に依存するといわれており，夜行性で巣をもち，地表付近で生活するものがV1Rを多くもっていると考えられています（Wang et al., 2010）．カモノハシは水棲ですので，V1RよりV2R優位でもよさそうですが，そうではありません．というのは，カモノハシは巣をもち，その巣は水面から上がった地中につくられています．養育を巣で行うことから，繁殖と養育に関する情報をV1R経由で得ていると思われます．V1Rは種間で最も劇的な変化を遂げている遺伝子ファミリーで（郷，2012），それぞれの種が確立した後に遺伝子重複によって増加したものが多いことから，種の情報に特化していると考えられます．

有袋類は1億4800万年前に真獣類との共通祖先から分岐しました．オポッサムは，機能的なV1Rが98，V2Rが86です．それに対して嗅覚受容体は1198と多く，陸棲化にともなって嗅覚受容体の顕著な増加が見られます（Grus et al., 2007；図7.13, 7.14）．

原始真獣類はネズミのような外見をしていたようです．中生代白亜紀の大絶滅（6500万年前）まで，ほとんど外見上の変化はなく，もっぱら繁殖効率を進化させてきました．外敵絶滅後，多様な地球環境に適応拡散し，さまざまな形態的特徴をもった哺乳類が誕生しました．環境への適応進化は一定環境下で

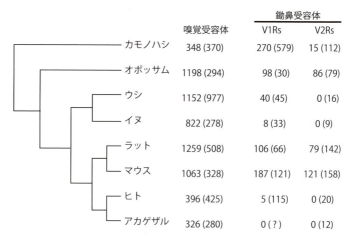

図 7.13　哺乳類の嗅覚受容体および鋤鼻受容体の遺伝子数
　カッコ内は偽遺伝子の数．嗅覚受容体数は新村（2012）を，鋤鼻受容体数は Grus et al.（2007）をもとに作成．機能遺伝子数には分断遺伝子（全長が確定でない）の数も含む．

の生存確立を高めますが，地球規模の環境変化には脆弱です．次の大絶滅で生き残れる哺乳類はやはり基本形に近い齧歯類でしょう．実験動物としてマウスやラットが使われたのも納得です．しかし鋤鼻系については，齧歯類では真獣類の中でも特殊化していて，マウスの鋤鼻系機能が一般の真獣類の鋤鼻系機能を網羅するとは思えません．特に，V2R は齧歯類では機能していますが，その他多くの真獣類では偽遺伝子です（第 4 章，第 7.3 節参照；図 7.13）．

　しかし近年，原始的な霊長類（原猿類に分類）であるネズミキツネザル（見た目はほぼネズミ）やアイアイなどで，機能的な V2R が保存されている可能性が示唆されました（Hohenbrink et al., 2013）．ネズミキツネザルは樹上生活を営みますが，巣をもち夜行性であるため，嗅覚に頼った生態といえます．そのため機能的な V1R 遺伝子も 214 保存されています．これはラットより多く，偽遺伝子の少なさからも鋤鼻系を活用していることがうかがえます（Young et al., 2010）．

　霊長類の V1R は夜行性であるほど機能遺伝子が多く，昼行性であるほど偽遺伝子化が進んでいます．昼行性の真猿類は 4000 万年ほど前に誕生したと考えられています（図 7.14）．旧大陸（アフリカ，ユーラシア）と新大陸（ア

7.3 鋤鼻器の系統発生学的研究

			V1Rs 機能遺伝子	鋤鼻器 有無	昼行性 夜行性	営巣
単孔類		カモノハシ	283	○	◎	○
オーストラリア有袋類		ワラビー	89	○	●	○
アメリカ有袋類		オポッサム	95	○	●	○
アフリカ獣類		ゾウ	33	○	△	×
		ハイラックス	8	○	◎	×
		テンレック	35	○	●	○
異節類		アルマジロ	55	○	△	○
		ナマケモノ	23	—	●	○
ローラシア獣類		トガリネズミ	77	○	△	○
		ハリネズミ	64	○	●	○
	食肉目	イヌ	8	○	△	×
		ネコ	28	○	△	×
		ウマ	36	○	◎	×
	鯨偶蹄目	ラクダ	22	○	◎	×
		ウシ	40	○	◎	×
		イルカ	0	×	△	×
	翼手目	オオコウモリ	0	×	◎	×
		ココウモリ*	0	×	●	○
	ウサギ目	ナキウサギ	114	○	◎	○
		ウサギ	159	○	●	○
	齧歯目	モルモット	89	○	△	○
		ラット	106	○	●	○
		マウス	187	○	●	○
		リス	110	○	◎	○
		トビネズミ	103	○	●	○
真主齧類		ツパイ	96	○	◎	○
	原猿	ネズミキツネザル	214	○	●	○
		ガラゴ	78	○	●	×
		メガネザル	42	○	●	×
	霊長目	マーモセット	7	○	◎	×
		マカク	0	×	◎	×
		ヒヒ	3	×	◎	×
	真猿	テナガザル	2	×	◎	×
		オランウータン	5	×	◎	×
		ゴリラ	3	×	◎	×
		チンパンジー	4	×	◎	×
		ヒト	5	×	◎/△	○

図 7.14 哺乳類の V1R 機能遺伝子数と生態の関係
図中の記号は次のとおり．鋤鼻器の有無：有○，無×，夜行性昼行性：夜行性●，昼行性◎，昼夜に左右されない△，営巣：密室型の巣がある○，開放的な巣があるまたは巣をもたない×．Wang *et al.* (2010) を参考に作成．※ココウモリの一部の種には鋤鼻器があり，機能的な VIR もある．

メリカ）が物理的に分かれた後，真猿類は別々に進化していきます（約3400万年前）．新大陸は，旧大陸に比べると外敵が少なく，食糧調達の競争相手も少なかったため，比較的温和に過ごすことができました．そのため，淘汰圧が小さかったと考えられています．現在，南アメリカ大陸に棲む真猿類を新世界ザル，アフリカおよびユーラシア大陸に棲む類人猿以外の真猿類を旧世界ザルとよんでいます．

　V1Rは新世界ザルでは5〜10前後の機能遺伝子が保存されていますが，旧世界ザルは0か，あっても数個です．ヒトを含む類人猿（チンパンジー，テナガザル，ゴリラ，オランウータン）は，3〜5個のV1Rの機能遺伝子が保存されています．しかし，鋤鼻受容体とともに機能するTRPC2遺伝子は，新世界ザルのみ機能的であり，旧世界ザル，類人猿は偽遺伝子となっています（Yu *et al.*, 2010）．またそれと相関するように，鋤鼻器自体も新世界ザルでは感覚ニューロンを含んだ鋤鼻器が確認されていますが（Smith *et al.*, 2011a; Smith *et al.*, 2011b），旧世界ザルと類人猿では退化していますし，投射先である副嗅球も確認されていません．しかし，胎生期には鋤鼻器の存在と副嗅球らしき構造が認められているとの報告もあり，胎生期のみ何かしら機能を果たしている可能性があります．

▶▶▶ Q & A ◀◀◀

 両生類の鋤鼻器について説明がありますが，えら呼吸時の幼生と肺呼吸になってからの成体とで違いはあるのでしょうか．

 すべての両生類で共通であるかわかりませんが，最も研究が進んでいるアフリカツメガエルを例に説明します．成体（カエル）には，主嗅室，中嗅室，鋤鼻器の3つの嗅覚器があると本文中にも記載しました．孵化した直後の幼生（オタマジャクシ）には主嗅室（くぼみ程度の構造）しかありません．幼生のうちに鋤鼻器が形成され，変態にともなって中嗅室が形成されます（Hansen *et al.*, 1998）．また，成体の主嗅室は，おもに空気中の匂いを嗅ぐための器官（哺乳類タイプ）であるのに対し，幼生の主嗅室は水中の匂いを嗅ぐ器官（魚類タイプ）となっています．変態にともなって神経回路の再編成が起こることがわかってい

ますが，詳しいメカニズムについては今後の研究に期待したいです．

図7.13を，V1Rs機能遺伝子の数の多いものから順に並べ替えると面白そうなのですが，いかがでしょう．

遺伝子ファミリーを形成している遺伝子のうちで，V1Rsは動物の生育環境に依存して遺伝子数の増減が変化したといわれているので，たしかに機能遺伝子順に並べるのも面白いかもしれません．しかし，一般的に遺伝子の解析を行う研究者の多くは遺伝学的な手法をとっているため，どうしても近縁の種ごとに表をつくりたくなるものです．遺伝子の数は表の上下を見比べることでわかりますが，進化的背景は近縁種ごとに並べておかないとわからなくなってしまいます．なので，図7.14のような順で並べるほうが情報量も多く，一般的なのだと思います．

8 研究最前線
——鋤鼻系の機能は何か

　基礎生命科学分野で画期的な新発見がある場合，問題提起が新しいケースは比較的少ないといえます．その疑問自体はずっと古くからあったものの決着がつかず，ちょっとしたアプローチの工夫や，異分野（光学技術など）の技術発展による新しい研究手法などが起爆剤となって，新事実が解明されることのほうが多いのです．近年，マスコミによる研究成果報道が盛んに行われるようになりましたが，その多くは，最終的な結論と応用研究への展望のみがクローズアップされ，実際に行われた研究手法や科学的価値が軽視される傾向があります．どんな手法で研究が行われたか，結果の確認をどのように行ったかということが研究成果の価値を大きく左右します．しかし，それを短いニュースのコメントで研究には携わらない人々に伝えることは難しく，現在の報道のあり方でも致し方ないと思います．

　本書冒頭のKey Word「神経科学」でも述べましたが，神経科学は総合科学の代表的なものであるといってよいでしょう．中でも化学感覚研究は，通常の神経科学で扱う研究領域に加え，有機化学，流体力学なども関連し，研究手法は本当に多彩です．目的を達成するためにはどんなアプローチをとったらよいかと考えるのが研究の醍醐味であり，研究者の力量の試されるところでもあります．

　この章の前半では，鋤鼻受容体発見以降に行われた研究で，論文発表当時その研究手法が斬新で印象的であったものを中心にご紹介したいと思います．そして，実験プランを考えるうえでのちょっとした工夫や，新しい技術を使いこ

なす様子の面白さを読者の皆様にも実感していただけるとうれしいです．一部これまでに本書で登場した内容と重複する部分もありますが，実際に行われた実験の物語をご堪能ください．そして後半は鋤鼻系の最終目的地である視床下部について述べ，章をまとめたいと思います．

8.1 細胞レベルのフェロモン受容

　1995年に推定上のフェロモン受容体として鋤鼻受容体遺伝子がクローニングされると，世界中の研究室で鋤鼻受容体が実際に受容する物質の探索が開始されました．当時は嗅覚関連以外でもさまざまな受容体遺伝子が明らかにされ，それら受容体の"リガンド検索"も精力的に行われていました（前述しましたが，Gタンパク質共役型受容体（GPCR）は創薬のターゲットとなるため"金のなる木"なのです）．そして，入手容易な培養細胞にGPCRを強制的に発現させ，リガンド候補を手当たり次第添加して応答のあるものを見つける手法が試されました．しかし残念なことに，同じGPCRである嗅覚受容体および鋤鼻受容体においては，培養細胞強制発現系は使えませんでした．細胞内でつくられた受容体タンパク質が小胞体にとどまったまま細胞膜表面には運ばれなかったのです．そのため，フェロモン物質検索を行おうとすると，何とか工夫をして受容体が膜表面に出ている系をつくらなければなりませんでした．

8.1.1　特定の鋤鼻受容体を発現した細胞を使用する

　Rodriguezらのグループはマウスの成体鋤鼻器を採取し，その鋤鼻ニューロンからリガンド応答を記録することを考えました．特定の鋤鼻受容体を発現している鋤鼻ニューロンを選別するために，V1Rb2 という鋤鼻受容体と同時に緑色蛍光タンパク質（GFP）が発現するマウスを作成しました（Boschat et al., 2002）．このとき使われたマウスはノックインマウスといって，ゲノムの狙った場所に外来遺伝子を挿入する方法でつくられています（図8.1）．このマウスから鋤鼻器を採取し，細胞をバラバラにすると，V1Rb2を発現している細胞を蛍光顕微鏡下で確認できます．細胞を識別した後，その細胞にフェロモン候補物質を添加し，どの物質で細胞内 Ca^{2+} 変化が起こるのか解析し

第8章 研究最前線——鋤鼻系の機能は何か

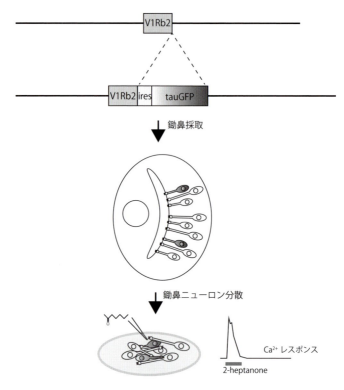

図 8.1 特定な V1R を発現するニューロンを狙ったリガンド検索実験の概略図
V1Rb2 の下流に tauGFP を挿入されたマウスを用い（上段），鋤鼻器を採取して（中段），鋤鼻ニューロンを分散させ，GFP 陽性の鋤鼻ニューロンのリガンド応答を生理学的に記録する（下段）．Boschat *et al.* (2002) を参考に作成．

ました．すると，V1Rb2 を発現している鋤鼻ニューロンは 2-heptanone を添加したときに激しい細胞内 Ca^{2+} 上昇が見られ，選択的に 2-heptanone を受容することがわかりました．2-heptanone はマウス尿に含まれ，以前からフェロモン候補物質として考えられていました．こうして，初めて鋤鼻受容体とフェロモン物質の 1:1 の対応が明らかとなったのです．またこの実験より，鋤鼻受容体は嗅覚受容体に比べると閾値が低く，リガンド選択性が高いという特性も明らかになりました．つまり，鋤鼻受容体は少量でもその物質が存在すると反応し，似ている物質では効果がないという特性をもっていたのです．嗅覚受容体が複数のリガンドに応答できることを考えると，根本的な役割の違

いが理解できます.

> **解説** **緑色蛍光タンパク質（GFP）**
>
> 　GFP（Green Fluoresent Protein）は，オワンクラゲがもつ蛍光タンパク質です．その遺伝子配列を何らかの方法で特定の細胞に遺伝子導入することで，その細胞を緑色にラベルできます．生きたまま特定の細胞を観察可能となったことから利用が広まりました．現在，各研究室で使われている GFP のほとんどは天然の GFP と同じものではなく，より安定で明るい蛍光を発することができるように改良されたものになっています．また，GFP の遺伝子配列をもとに，蛍光の波長が異なった蛍光タンパク質（Yellow Fluoresent Protein や Red Fluoresent Protein など）や特定な物質と結合すると蛍光強度の変化するバイオセンサー（GCaMP など）も開発されています（中井・大倉, 2002）.
>
> 　最初に GFP の単離に成功した下村脩はその功績によって 2008 年にノーベル化学賞を受賞しています．下村氏が GFP を同定したのは 50 年ほど前ですが，当時は後になってこれほど広範囲に利用されるとは思っていなかったのではないでしょうか.

8.1.2　初代培養神経細胞を利用する

　上記の方法は大変うまくいきましたが，同じ方法ですべての受容体のリガンドを探すためには，受容体数のノックインマウスを作成する必要があり，あまり現実的ではありません．やはり，培養細胞にどうにか鋤鼻受容体を発現させて実験可能にしたいものです．筆者らは当時，鋤鼻器の培養系を確立して，リガンド検索に応用できたらと考えていました．成獣マウスの鋤鼻器を採取し，輪切りにスライスして実験する方法も確立されていましたが（Leinders-Zufall *et al.*, 2000），実験のたびにマウスから鋤鼻器を調整するより，培養鋤鼻器を事前につくっておいて実験の都度使用したほうが効率がよいと考えたのです．そこで，マウスより鋤鼻器の大きいラットを用い，胎仔から鋤鼻器を採取し，それを細胞ごとにバラバラにせず丸ごと器官培養を行いました．数日経つと三日月状の鋤鼻器が丸く固まり，中央に鋤鼻腔をもったプチ鋤鼻器ができました（図 8.2）．そこに含まれる鋤鼻ニューロンはちゃんと軸索を外側に伸ば

第8章 研究最前線──鋤鼻系の機能は何か

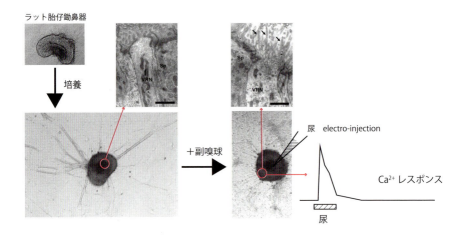

図8.2 初代培養法を用いた鋤鼻ニューロンの機能解析
ラット胎仔から鋤鼻器を採取し培養すると円形のプチ鋤鼻器ができるが，鋤鼻ニューロン（VRN）の微絨毛は表面に出ていない．電子顕微鏡写真で見られる微絨毛は支持細胞（Sp）のもの（左）．副嗅球の分散培養と共培養すると鋤鼻ニューロンの微絨毛は発達し（右上黒矢印），フェロモン応答が記録できる（右）．(Moriya-Ito *et al*., 2005; Muramoto *et al*., 2007) より改変．

しました（Ichikawa and Osada, 1995）．しかし残念なことに，鋤鼻腔に相当する内腔には微絨毛が発達しておらず鋤鼻受容体発現の足場がないため，そのままではリガンド検索には使えず一度諦めました．その後，投射先である副嗅球に到達した鋤鼻ニューロンの寿命は長く，副嗅球まで到達できない鋤鼻ニューロンは寿命が短いという事実を知り，鋤鼻器の器官培養と副嗅球の初代培養を1つの培養系で行う"共培養"を思いつきました．ターゲットである副嗅球の細胞があれば，鋤鼻ニューロンの成熟が促されると考えたのです．実は，その10年ほどの間に培養関連試薬や技術の発展がありました．それまで血清存在下でないと培養できなかった中枢ニューロンの初代培養が，無血清でできるようになったのです．実験用血清は，おもにウシやウマの血液より血清部分を調整して市販されています．そのため，その製品のロットごと（つまりそのときに使われた動物群ごと）に成分が微妙に異なり，実験系が安定しませんでした．また，細胞増殖因子を多く含んでいますので，増殖力の強い線維芽細胞を含む鋤鼻器を血清条件下で培養すると，線維芽細胞があちこちに増殖してしまいます．血清条件下で共培養を行うと，この線維芽細胞が中枢のニューロン

8.1 細胞レベルのフェロモン受容

を駆逐してしまいました．

　無血清培地条件での共培養はうまくいき，副嗅球と共培養した鋤鼻器は成熟し，鋤鼻受容体の発現量も増加することがわかりました（Moriya-Ito et al., 2005; Muramoto et al., 2007）．また，培養鋤鼻器の内腔に電気泳動法で尿を入れると，鋤鼻ニューロンでの応答が記録できました（図8.2）．培養鋤鼻器は尿中フェロモンを受容していたのです（Muramoto et al., 2007）．副嗅球との回路形成がなされると，培養条件下でも鋤鼻ニューロンは成熟することが示されました．この結果は，鋤鼻受容体が機能的に細胞表面へ輸送されるためには，成熟した鋤鼻ニューロンでしか発現していない何らかの因子が必要であることを示しています．この方法のフェロモン分子探索も検討しましたが，反応している受容体を突き止めるのは難しく，特定の受容体に対するリガンドのスクリーニングという観点ではあまり有効ではありませんでした．

8.1.3 培養細胞での強制発現系を利用する

　GPCRである嗅覚受容体は，同じくGPCRのロドプシン（網膜の光受容体）のN末端配列の一部を付加することで細胞膜への輸送が可能になりました（Krautwurst et al., 1998；図8.3）．ロドプシンN末には糖鎖修飾を受ける膜移行シグナルがあり，効率よく膜へ輸送されるのです．V1R型鋤鼻受容体はロドプシンと似ていますのでこの方法でうまくいくと思われましたが，現在のところ成功していません．しかし近年，特殊な細胞（Hela細胞に環状ヌクレオチド作動性チャネル（CNGA）とGαolfが恒常的に発現するようつくられた"Hela/Olf細胞"）を用いることで，一部の鋤鼻受容体の強制発現に成功しています（Shirokova et al., 2008；図8.3）．ただ，この方法も万能ではなく，V1Rsの細胞膜輸送には鋤鼻ニューロンに存在する未知のファクターが必要だと思われます．

　では，V2Rsのほうはというと，こちらは比較的メカニズムがわかっています．V2Rsでは，受容体を細胞膜表面へリクルートするために，主要組織適合遺伝子複合体（MHC）の一種やβ2ミクログロブリン（β2m）が必要であることがわかっています（Loconto et al., 2003；図4.6参照）．そして，さらに細胞膜への輸送の効率向上が検討されました．その結果，V2RsをMHC，

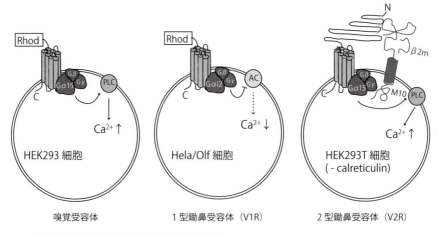

図 8.3　受容体の強制発現による実験系
　　　それぞれの受容体で強制発現可能な系が異なる．吉川（2012）を参考に作成．

β2m とともに V2R を強制発現させる際，HEK293T 細胞（強制発現実験でよく用いられる細胞）中の calreticulin というタンパク質量を減少させると，効率よく細胞膜表面へ輸送されることがわかりました（Dey and Matsunami, 2011；図 8.3）．この実験を成功に導いたのは細胞内タンパク質の"足し算"ではなく，"引き算"でした．この calreticulin というタンパク質は，異常なタンパク質の整頓を行う分子シャペロンとよばれるタンパク質の 1 つです．そのため，従来法では HEK293T 細胞に本来は存在しない V2R を calreticulin が異常なタンパク質と見なしてトラップしていたのです．もともと鋤鼻ニューロンには calreticulin は発現しておらず，代わりに calreticulin4 がその機能を担っています．HEK293T 細胞中の calreticulin を減らすことで，膜移行の際 V2R がトラップされずに膜表面へ輸送されるようになりました．この系を用いてペプチド性フェロモンと V2R のリガンド─受容体対応も確認されています．

8.2　リガンド提示の工夫によるフェロモン研究

　古くから哺乳類のフェロモン物質の同定を試みた研究者はたくさんいまし

8.2 リガンド提示の工夫によるフェロモン研究

た．昆虫で多くのフェロモン物質の単離がなされてきたため，哺乳類のフェロモン物質も簡単に単離できると考えられたからです（噂ですが，自分がモテモテになれるよう，"惚れフェロモン"を見つけたいと本気で思って研究に取り組んでいた研究者もいたようです）．しかし，揮発性の哺乳類フェロモンは，フェロモン現象を見つけても精製の過程でフェロモン活性がなくなることが多々あったようです．そこで，多くの研究者はリガンド提示物質として尿や床敷といった混合物を使用していました．

8.2.1 麻酔下の動物個体をリガンドとして用いる

Katz らは，マウスの個体をリガンド提示の道具として使用しました．そのまま提示するとお互いが動いて解析が複雑になるため，匂い提示個体（ドナーマウス）は麻酔をかけられてテストケージに入れられました（図 8.4）．一方のテスト個体は副嗅球に電極が設置され，自由行動下で副嗅球ニューロンの応答を観察しました（Luo *et al.*, 2003）．すると，ドナーマウスとの接触がない間は副嗅球ニューロンの活動パターンは大きく変化せず，直接接触したときにニューロンの発火頻度の上昇が起こりました．ドナーマウスの雌雄，系統によって発火パターンは異なりました．これにより同種他個体を識別するのに副嗅球が使われているという事実を示したのです．さらに，ドナーマウスのお尻あるいは顔付近にテストマウスの鼻先がついていたとき，特に発火頻度の変化

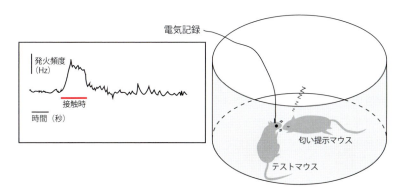

図 8.4 個体をリガンド提示として使用した実験の模式図
匂い提示個体は麻酔をかけられテストケージに入れられる．テスト個体は副嗅球に電極が装着されている．Luo *et al.* (2003) を参考に作成．

が大きいことがわかりました．つまり，これら部位から何らかのフェロモン物質が分泌されていると予想されたのです．

　話はそれますが，上記論文の責任筆者であったLC Katzは，大変ユニークなアプローチをとる素晴らしい研究者でした．残念ながら脂の乗り切っている48歳という若さで，メラノーマ闘病の末他界されました．訃報を聞いたとき，もう彼の論文を読めないのかと，とても切なく思いました．しかし，やはり彼は凡人ではありませんでした．彼がこの世を去った2005年以降，彼が筆者に加わった論文は実に7本も出版されました．いずれも内容の深い論文で，最も近年のものは2010年出版になります．彼が生前いかに多くのアイデアを提供してきたのか，周りの研究者にどれだけ影響を与えてきたかがよくわかります．彼が健在であったなら，神経科学分野の研究は今より大きな発展をしたと思います．

8.2.2 金網1枚の工夫で不揮発性物質特定の足がかりに

　上記論文で接触時に副嗅球で強い応答が見られたことから，東原らはマウスのフェロモン物質には不揮発性のものがあると予測しました．その仮説を証明するため，匂い提示に床敷を使用してテストマウスが直接床敷に接触できる場合と，金網で仕切りをして直接接触はできないが揮発してくる匂いは嗅げる場合を設定し，実験を行いました（図8.5）．各条件で匂い嗅ぎテストを行った個体の鋤鼻器を取り出し，新規に興奮したニューロンに発現する最初期遺伝子のc-fosを指標に鋤鼻ニューロンを観察したところ，床敷に直接接した個体で優位にc-fos陽性細胞の上昇が確認できました（Kimoto and Touhara, 2005）．これにより彼らは，c-fosの発現を促したのは揮発性の物質ではなく不揮発性の物質であると確信を得ました．そこで，マウスのあらゆる外分泌腺を調べ，その物質がどこから分泌されているか確認したところ，この物質が眼窩外涙腺とよばれる分泌腺で生成されていることを突き止めました．そしてその物質を精製し，アミノ酸配列を決定しました．するとそれは新規のペプチドで，複数の遺伝子からなる遺伝子ファミリーを形成していることがわかりました．分泌される器官の名にちなんで眼窩外涙腺分泌ペプチド（exocrine gland-secreting peptide, ESP）と名づけられました（Kimoto et al., 2005）．そ

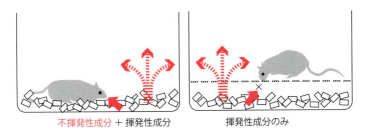

図 8.5　ESP 発見のもととなった実験の模式図

れ以前には,涙腺からフェロモンが分泌されるとは考えられていませんでした.前述の Katz の実験では，ドナーマウスの顔付近にテストマウスが近づくと副嗅球で応答がとれていた謎もこれで解明できたわけです．こうして発見された ESP はその後，数十種類の遺伝子ファミリーから構成されていること，系統や性別，年齢などによって分泌しているものが異なることがわかりました (Kimoto et al., 2007). また，精製ペプチドを用いることで，その物質のみを受容する受容体，その先の神経回路，表出する行動が観察可能となりました. ESP の生理機能は現在までに，ESP1 は成獣雄が分泌して雌のロードシス（交尾受け入れ行動）を促すこと（Haga et al., 2010），ESP22 は幼若マウスが分泌して成獣雄の交尾回避を促すこと（Ferrero et al., 2013）が明らかになっています．ESP はいずれも V2R タイプの受容体で受容されます．以前から予測されていたとおり，V2Rs が不揮発性ペプチドを受容する特性のあることを裏づけることができました．V2Rs は両生類で最も多様性があり，多くの哺乳類では V2R は偽遺伝子になっています．しかしマウスは 100 前後の V2R 遺伝子をもっており，重要なコミュニケーションツールだとわかります．地面の近い位置に鼻がある齧歯類ならではの感覚受容能だと思います.

8.3　特色のある生物検定を利用したフェロモン物質探索

　ESP などのペプチド性フェロモン物質は，物質同定後，その情報をゲノム上で検索し，そのペプチドの存在を確認できます．しかし，揮発性低分子である代謝物は，遺伝子にはその情報はありません．あるのはその物質を生合成する

ときに使われる酵素の遺伝子情報のみです．基質（生合成するときにもととなる物質）が特定できないと代謝物の予想もつけられません．そのため，低分子化合物を特定する場合，直接分離精製するしかないのです．揮発性化学物質フェロモンを特定するにはどんな方法がよいでしょう？ この場合，前項で紹介したような物質の特定を行ってから行動を見る，というアプローチは至難のわざですので，素直にフェロモン行動を観察し，物質の単離というストラテジーをとったほうがよいでしょう．そうなると何を基準に採取物質を定めるか，つまり"生物検定"としてどんなものを指標にするかが重要になってきます．第3章でフェロモンにはリリーサーフェロモンとプライマーフェロモンがあることを述べました．そこですでに紹介していますが，ウサギの乳首探索フェロモンとヤギの雄効果フェロモンについて，本章では検定系のユニークさに焦点を当てて紹介します．

8.3.1 仔ウサギの乳吸行動を指標とする

　生物検定を行うにあたり，まず検定する動物の特性を理解する必要があります．アナウサギの母親は1日に1回しか授乳を行わず，その時間もわずか数分です．そのため，新生仔ウサギは素早く乳首を探し出さないと授乳を受けることができません．ウサギの乳腺付近からは仔ウサギにはたらきかける何らかのフェロモン様物質が分泌されると考えられていました．そこでSchaalらは，その物質が母乳にも含まれ，母乳の提示で乳吸行動を示すことから（Keil et al., 1990），仔ウサギの乳吸行動を指標に母乳中のフェロモン物質を同定しようと考えました．まず，揮発性の母乳成分をガスクロマトグラフィーにかけて分子量ごとに分離し，分離した順に仔ウサギに提示しました．その際，すべての揮発性成分を提示してしまうのではなく，途中の管を二方に分け，1本は水素炎イオン化検出装置で成分の分析を行えるようにしました（Schaal et al., 2003；図8.6）．サンプル提示によるバイオアッセイと成分分析がリアルタイムでできる，GCO (gas chromatography-olfaction test) と名づけられたこのシステムはかなり有効で，フェロモン物質を含む分画が提示されたときのみ，仔ウサギは積極的に乳首を口に含めようとする行動を示しました．成分分析の結果，乳首探索フェロモンは2-methylbut-2-enalと同定されました．こ

8.3 特色のある生物検定を利用したフェロモン物質探索

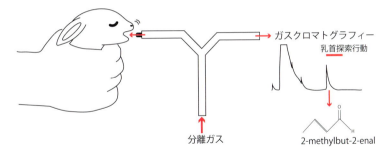

図 8.6　アナウサギ新生仔の乳首探索行動フェロモン発見の実験模式図
母乳の揮発成分を分離して流し，一方を仔ウサギに，一方をガスクロマトグラフィーに設置する．Schaal et al.（2003）を参考に作成．

の実験では，物質の単離と同定を別途行っていますが，現在は水素炎イオン化検出装置の代わりに質量分析装置につなげることで，一気に構造式をも推定できるシステムが主流となっています．ヒトへの応用も行われています．非侵襲的に行えるこのような官能検査は，被験者から口述回答を得られるので，動物を対象とした実験よりむしろヒトでのほうが簡単です．動物を対象とした場合は，実験者側が何らかの方法で被験動物の変化を観測する必要があるので，わかりやすい評価系が求められます．その点，ウサギの乳首探索行動は即効性があり，明快な評価系だったといえます．

8.3.2　雌ヤギの発情を指標とする

第3章で，"リリーサーフェロモン"と"プライマーフェロモン"について説明しました．リリーサーフェロモンは短時間で効果が行動に現れるので，観察者側が測定しやすいのですが，プライマーフェロモンは内分泌の変化を何らかの方法でとらえる必要があります．内分泌の変化を生理学的に測定するにはどうしたらよいでしょうか．"雄効果フェロモン"の探索で用いられた実験系を紹介します．

「ヒツジやヤギなどの季節繁殖動物では，卵巣の活動が停止している非繁殖期の雌の群れに成熟雄を投入すると，卵巣活動が再開し，雌の発情が回帰する」ことは古くから知られていました．その効果は，成熟雄の被毛のみで誘起できることから，成熟雄から分泌されて被毛に付着しているフェロモンによる効果

であると考えられていました．この雄効果の最終アウトプットは卵巣での排卵促進です．雄効果フェロモンは視床下部の生殖腺刺激ホルモン放出ホルモン（GnRH）産生ニューロンを刺激し，次に下垂体からの黄体形成ホルモン（LH）のパルス状分泌を促進させ，最終的に卵巣活動を亢進させる，という経路をたどると考えられています（図 3.5 参照）．このフェロモン効果の検定は，非繁殖期の雌ヤギに雄の被毛を提示して排卵の有無を確認する，という方法により可能です．しかし，時間がかかりますし，その他の因子による卵巣への影響を排除できません．

そこで森らは，卵巣除去によって生殖腺由来のホルモンの影響を除外した雌ヤギを使い，視床下部の特定な部位に記録電極を慢性的に留置し，神経活動を多ニューロン発火活動（MUA）として記録する方法を開発しました（Mori et al., 1991）．20 年以上も前のことです．この部位で MUA 記録を行うと，GnRH や LH のパルス状分泌に先立って，顕著な神経活動の上昇（MUA volley）が見られました．通常，この MUA volley は一定間隔で起こりますが，雄ヤギの被毛を提示すると直ちに MUA volley が誘起されました（Hamada et al., 1996）．MUA volley は，視床下部の GnRH パルスジェネレーターとよばれる領域の神経活動に起因すると考えられ，GnRH ニューロンはその支配を受けて発火を制御されています．つまり，雄効果のフェロモン情報は，何らかの神経回路を経由して視床下部の GnRH パルスジェネレーターに到達し，内分泌系を制御していたことになります．

フェロモン呈示によって起こる MUA volley を指標として，雄効果フェロモンの探索がはじまりました．その物質が脂溶性で揮発性であること，テストステロン依存的に分泌量が増加することなどは早くからわかっていましたが，なかなか単一物質の同定に到達しません．そこで，テストステロン依存的にその物質が分泌される現象に着目し，通常の雄ヤギと去勢した雄ヤギの頭部からガス吸着剤を用いて揮発成分を回収しました．成分分析の結果，通常の雄ヤギで優位に存在する 18 種類のフェロモン候補物質を同定しました．それぞれの物質を組み合わせ，最も GnRH パルスジェネレーターにはたらきかけるものを検索したところ，その物質が 4-ethyloctanal であることがようやくわかりました（Murata et al., 2014；図 8.7）．またその間，内分泌を制御する神経

機構の研究も進められました．研究開始当初は未知のものであった GnRH パルスジェネレーターは，視床下部の弓状核に存在する kisspeptin というペプチド性伝達物質を放出するタイプのニューロン集団で，kisspeptin が GnRH の分泌を促進する作用をもっていることがわかってきたのです（Murata et al., 2011; Sakamoto et al., 2013）．

　実験系の立ち上げからフェロモン物質の単離まで，20 年近い年月が費やされた息の長い研究です．現在，米国の影響を受け，日本でも研究現場では有期限職の研究者が多くなりました．期限内に成果を挙げなくてはならないため，研究者たちは短期的な成果に目を向けがちです．しかしこの研究では，長い歳月をかけ，地道な実験を行った結果，真実を明らかにしました．その点でも注目に値します．基礎研究とは本来こういうものではないのでしょうか．

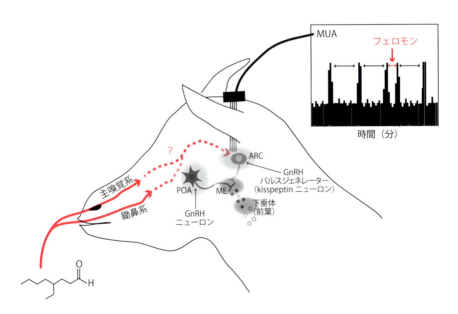

図 8.7　雄効果フェロモンの生物検定と神経回路
　視床下部弓状核（ARC）に多ニューロン発火活動（MUA）を測定できる電極を設置し，発火頻度に影響を及ぼす物質を検索する．こうして発見された雄効果フェロモン 4-ethyloctanal は，嗅覚系および鋤鼻系を介して ARC の GnRH パルスジェネレーターにはたらきかけて，視索前野（POA）に存在する GnRH ニューロンを正中隆起（Me）で制御する．Me より放出される GnRH のパルスに従って，下垂体は黄体形成ホルモンを放出する．大蔵・岡村（2007），Murata et al.（2014）を参考に作成．

8.4 鋤鼻機能欠損から考えるフェロモン研究

　鋤鼻器がフェロモン受容器官であると考えられたきっかけは，雄ハムスターの鋤鼻器を外科的に除去したところ性行動に異常が生じたという報告がもとになっています（Powers and Winans, 1975）．しかし，当時の報告でも手術を行ったすべての個体で性行動に異常が出たわけではなく，その後の研究においても動物種や個体の状況，手術方法の違いなど，条件が異なるたびに得られる結果にバラツキがありました．神経科学の分野では，90年代前半までこうした外科的手術によって破壊または除去した部位の機能不全から，本来備わっていた機能を探る"脱落症状解析"が多く行われていました．外科的手術は，症例の条件を一定に保ち難いことや，手術によるダメージを完全に排除できないというジレンマがありました．

　90年代後半になると遺伝子工学技術が発展し，トランスジェニックマウスやノックアウトマウスが多く作成されるようになりました．しかし，ノックアウトマウスの作成では致死的な遺伝子の欠損はできないこと，複数の臓器にわたって発現しているような遺伝子では，その表現系が体内のどの部位に依存しているのか明確でない，などの問題点がありました．現在は，特定の組織や細胞のみで遺伝子欠損させる，または時期特異的に遺伝子欠損させる，という技術が確立し，数多くの新発見をもたらしています．

8.4.1　鋤鼻ニューロン機能不全でも繁殖可能

　幸運にも，鋤鼻器にはTRPC2というおもに鋤鼻器のみ（もっというと鋤鼻ニューロンのみ）で機能している遺伝子がありました（詳細は第4.3節を参照）．そこで，複数のグループがTRPC2ノックアウトマウスを作成し，鋤鼻ニューロンの機能不全から探る鋤鼻機能の解析を行いました（Leypold *et al.,* 2002; Stowers *et al.,* 2002）．これらの報告には驚きました．鋤鼻ニューロンがはたらかないTRPC2ノックアウトマウスが作成できた，ということは，鋤鼻が機能していなくても繁殖行動には何ら問題がない，ということだからです．また，このマウスは遺伝子操作をしていない野性型マウスと一見差がわからないほど正常で，本当にこのノックアウトマウスは鋤鼻の機能欠損になって

いるのか疑わしいほどでした．

　しかし，取り出した鋤鼻器を用いて電気生理学的に刺激を与えても野性型のマウスで見られるような鋤鼻器の応答はなく，鋤鼻器の機能はちゃんと失われていました．詳細な行動解析の結果，TRPC2 ノックアウトマウスでは雄のなわばり行動（侵入者に攻撃を加える）が欠失していました（図 8.8）．なわばり行動はテストステロン依存性であり，去勢した雄マウスでは欠失することが知られているので，TRPC2 ノックアウトマウスのテストステロン低下を疑い血中のテストステロン濃度を調べたところ，正常もしくは少し多いくらいでした．つまり，TRPC2 ノックアウトマウスは内分泌的に攻撃をする能力がないのではなく，攻撃を加える"きっかけ"がわからない状態といえます．雌においても同じような傾向が見られます．母マウスは，侵入者に対して母性攻撃行動を起こしますが，TRPC2 ノックアウトマウスでは母性攻撃行動は見られませんでした（図 8.9）．さらに，TRPC2 ノックアウト雄マウスは相手が誰であろうと交尾行動をしかけることがわかりました（図 8.8）．雌雄の区別だけでなく，幼若な個体にも交尾行動をしかけようとします（Ferrero *et al.*, 2013；図 8.8）．これは雄に限ったことではなく，TRPC2 ノックアウトの雌

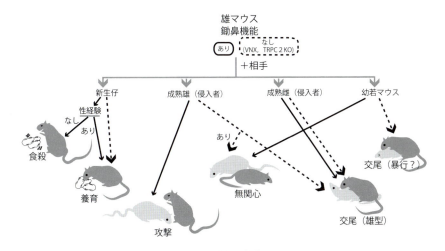

図 8.8　マウスの繁殖行動と鋤鼻器の機能の有無（雄）
雄マウスでは，鋤鼻器が機能しないと攻撃行動が減少し，交尾行動が増す．性経験がなくても養育行動を示すようになる．

第8章 研究最前線——鋤鼻系の機能は何か

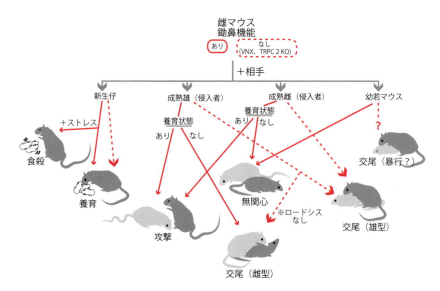

図 8.9 マウスの繁殖行動と鋤鼻器の機能の有無（雌）
雌マウスも攻撃行動は減り、雄様の交尾行動（マウンティング）を示す．雌の典型的な交尾行動であるロードシス（体を反らせて雄の受け入れを促進する）を示さなくなるが、交尾は可能．

マウスも雄様の交尾行動をしかけるようになります (Kimchi et al., 2007) (図8.9). この行動は外科的手術で鋤鼻器除去を行ったときにも見られます．これらの結果より、鋤鼻器の機能欠損マウスは適切な交尾相手を選別できず、相手かまわずとにかくモーションをかけまくってしまうことがわかりました．これまで、鋤鼻器は特定の行動を引き起こす引き金を引くと考えられていましたが、むしろ本能的行動を抑えるはたらきが示されました．

8.4.2 鋤鼻ニューロン機能不全は『イクメン』？

　TRPC2 ノックアウトマウスの全く別の行動特性も報告されています．第 2.1.6 項でも述べましたが、通常交尾経験のない雄マウスは新生仔マウスに対して食殺行動（軽度であれば無視）を示します．その動物が交尾を経験して相手雌が出産すると、一転して養育行動を開始します（雌マウスは交尾の経験がなくても養育行動を示します）．

　しかし、雄の TRPC2 ノックアウトマウスは、交尾経験がなくても新生仔マ

ウスに対して攻撃を加えず，逆に養育行動を示しました（Wu *et al.*, 2014）．この現象は，外科的に鋤鼻器を除去した交尾未経験雄マウスでも同様で，養育行動を示します（Tachikawa *et al.*, 2013；図 8.8）．通常の交尾未経験雄では，仔マウスのフェロモン情報は鋤鼻器→副嗅球→内側扁桃体と送られるのに対し，交尾経験雄，雌，TRPC2 ノックアウトマウスでは仔マウスのフェロモン情報経路は活性化されないのです．

　哺乳類は本能的に養育行動を行いたいという欲望をもっていて，交尾未経験雄の場合は鋤鼻器からの情報入力によりその行動が抑制されている，と考えると前節の例とも話は合います．ではなぜ雄マウスでは，交尾経験によって鋤鼻器の受容能（または感度）が低下するのでしょうか？　正確にはわかっていませんが，鋤鼻器の受容能変化には，交尾後に相手雌との同居が必要なことから，雌からの何らかのシグナルがかかわっていると考えられています．

　以上のことから，鋤鼻系は単純にフェロモン分子に反応しているのではなく，アイデンティティの確立と他個体の認知を行い，自分の状態と相手の状態をマッチングさせる回路であるといえます．

8.5　フェロモン情報はどこへいく

　脳内の神経回路を調べる方法は古くから開発されています．ニューロントレーサーとよばれる物質（複数種類存在する）を脳の特定の場所に少量注入し，その部位から伸展している神経軸索を可視化して軸索の行き先を追跡する順行性ラベルの方法と，注入部位付近の軸索終末からニューロントレーサーを取り込ませて，その軸索を辿って細胞体のある部位と細胞種を明らかにする逆行性ラベルの方法があります（図 8.10）．それぞれの色素の特性によって，どちらの染まり方をするか（またはどちらの染まり方が強いか）が決まっています．1980 年代後半からよく用いられた方法で，さまざまな神経回路が明らかになってきました．

8.5.1　内側扁桃体で見られる性的二型性

　ニューロントレーサーを用いた研究より，副嗅球からの投射はおもに内側扁

第8章 研究最前線──鋤鼻系の機能は何か

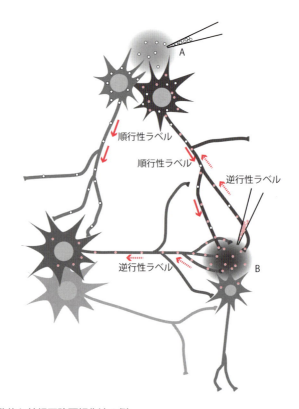

図8.10 古典的な神経回路可視化法の例
Aという領域に順行性トレーサー（白色）とBという領域に逆行性トレーサー（赤色）を注入した場合，AからBへ投射のあるニューロンは，白と赤両方のトレーサーで染色される．Aに細胞体または樹状突起があるが，Bには投射していないニューロンは白のみ，Bに軸索を伸展させているがAに細胞体または樹状突起がない場合は赤のみで染色される．順行性および逆行性トレーサーでともに染色されるとAB間で神経回路形成がなされていると解釈できる．

桃体へ到達することが明らかとなっています（Swanson and Petrovich, 1998）（第4章 解説「樹状突起スパインとシナプス」の図参照）．内側扁桃体は別名"vomeronasal amygdala（鋤鼻扁桃体）"ともよばれ，鋤鼻系の重要な中継地点として考えられてきました．近年，主嗅球からも内側扁桃体へ直接入力があることが示され，主嗅覚系と鋤鼻系の情報が最初に交わる場所であると考えられています（Kang et al., 2009）．集められた情報は内側扁桃体

で処理され，一斉に視床下部の適切な領域に運ばれると考えられています．

　これまでの研究より，鋤鼻器や副嗅球での性差は比較的少ないことがわかっています．しかし，図 8.8，8.9 で示したとおり，鋤鼻系の情報処理に大きな性差があることは明らかです．この性差はどの段階で生じてくるのでしょう．

　Dulac らは，麻酔をかけたマウスの鋤鼻器に直接刺激物質（同種または天敵の尿など）を流し入れ，そのときの脳の応答を観察しました．マウスの鋤鼻器は受動的に物質を取り込むのではなく，太い血管の脈動からなる「鋤鼻ポンプ」を動かすことで能動的に物質を取り込んでいます．そのため，交感神経を電気刺激することで刺激物質は鋤鼻器に入りやすくなり，副嗅球でそれぞれの刺激物質に応じた応答を確認しました（Ben-Shaul *et al.*, 2010，これは例のLC Katz 没 5 年後に出版されたもの）．さらに，投射先である内側扁桃体尾側部でも同様の方法で鋤鼻器を刺激して記録をとりました（Bergan *et al.*, 2014）．内側扁桃体尾側部では，背側は繁殖行動にかかわり，腹側は防御行動にかかわるとされています（Choi *et al.*, 2005）．実際に捕食動物の匂いを鋤鼻器に取り込ませたところ，腹側の内側扁桃体ニューロンで強い発火活動が認められ，同種異性の匂いを取り込ませたときには背側のニューロンで発火活動が認められました．

　また，副嗅球と内側扁桃体の発火パターンの違いも明らかになりました．副嗅球のニューロンでは，捕食動物と同種動物の識別はできていましたが，同種の性差を選択的に識別するニューロンはありませんでした．しかし，内側扁桃体では，刺激物質の性差に応じて選択的に反応するニューロン群が存在しました．特に被験個体が雄の場合，雌の匂いに顕著に応答するニューロン群が観察されました．雌マウスにおいても雄の匂いに応答するニューロンが観察されました．この内側扁桃体での性的二型性は幼弱マウスや性ホルモンレベルを操作した個体で消失することから，性ホルモン依存的に発達した神経回路の関与を示しています．内側扁桃体（特に尾側部背側）は，積極的に異性の情報を処理していたことになります（図 8.11）．現在感知している物質が異性のものであると理解するためには，自分自身の性を認識していないことにははじまりません．内側扁桃体からは分界条床核と視床下部の各領域へと情報が送られます（Dong and Swanson, 2004）．分界条床核は，ヒトでも性的二型性が報告さ

れている脳部位で，**性ホルモン**の影響を強く受けるといわれています．男性のものは女性のものよりニューロンの数も多く，範囲も広くなっています．**性同一性障害**（生物学的な性と自己意識の性の乖離がある）の患者脳では，染色体での性ではなく，**自己意識の性**に近い分界条床核の形態が観察されるといわれているため，自己認識に深くかかわっている脳領域であると考えられます．分界条床核から内側扁桃体へはフィードバック入力もあるので，内側扁桃体のみではなく，分界条床核との情報交換の中で性的二型性が現れているのかもしれません．実際にマウスでは，分界条床核や内側扁桃体のニューロンは視床下部への投射様式に性差があり，その性差は発達期の性ホルモンに依存して決定されることが知られています（Ogawa *et al.*, 1998; Wu *et al.*, 2009）．

　さて，これまで何度となく述べてきましたが，ヒトには鋤鼻器と副嗅球はありません．しかし，内側扁桃体や分界条床核はあります．扁桃体全体に占める内側扁桃体の割合は，齧歯類と比較するとかなり小さいです．しかし，ちゃんと機能しています．ヒトの内側扁桃体への入力はどこからきているのでしょうか．マウスと全く同じ神経入力を受けていないことは確かですよね．

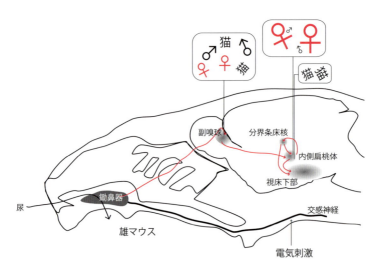

図 8.11　内側扁桃体で見られる性的二型性
　雄マウスの内側扁桃体は雌マウスの匂いに対して顕著に反応するニューロンが多い．同じ匂いで刺激しても副嗅球では性的二形成は見られない．Bergan *et al.* (2014)より改変．

8.5.2　GnRH ニューロンに入力する嗅覚情報は何か

　フェロモン情報は最終的に視床下部へ到達します．では，その到達部位は視床下部のどこでしょうか？　一昔前まで多くの研究者は，鋤鼻系の最終到達点の一部は，視床下部の内側視索前野（MPOA）に存在する GnRH ニューロンであると考えていました．本章中（第 8.3 節）のヤギの話でも登場した GnRH ニューロンは，その名のとおり"生殖腺を刺激するホルモンを放出するようにはたらきかけるホルモン（＝ GnRH：生殖腺刺激ホルモン放出ホルモン）"を分泌する神経細胞です．鋤鼻系が繁殖にかかわる神経系であるため，これはごく自然な発想です．特に雄効果フェロモンのような内分泌にはたらきかけるプライマーフェロモンの目的地にぴったりです．

　視床下部においても，古典的なトレーサー注入による神経回路可視化の実験は多く行われましたが，その精度はあまり高くなかったと思われます．なぜなら，視床下部は大脳皮質や海馬などのように層構造をなしておらず，ニューロンが不均一であるなどの理由で，特定の細胞種がかかわる回路のみを可視化するのは難易度が高かったからです．そこで，嗅覚受容体のクローニングでノーベル賞を受賞した Buck の研究チームと，その妹弟子で鋤鼻受容体のクローニングを行った Dulac の研究チームは，同じ研究目的を検討するにあたり，別々の実験方法で GnRH ニューロンに入力してくる神経回路の特定を試みました．Buck のグループは，GnRH のプロモーター制御下に経シナプス性トレーサータンパク質である barley lectin（BL）と GFP を発現するトランスジェニックマウスを作成し，GnRH を生成しているニューロンにのみ BL と GFP を発現させました．蛍光タンパク質である GFP は発現細胞にとどまり，BL は順行性，逆行性両方をラベルして広がる性質がありますので，GFP で GnRH ニューロンを，BL で GnRH ニューロンとシナプスをつくっているニューロンを可視化できます（Boehm *et al.*, 2005）．一方，Dulac のグループは，GnRH を発現するニューロンにのみ Cre という DNA 組換え酵素（Cre リコンビナーゼ）を発現させるマウスを作成し，MPOA に狂犬病ウイルスを局所注入する方法を行いました（Yoon *et al.*, 2005）．狂犬病は，狂犬病ウイルスに感染しているイヌなどに噛まれたとき，唾液中に含まれる狂犬病ウイルスが傷口

から末梢神経へ入り，それが中枢のニューロンへ到達・増殖してニューロンを破壊する病です．狂犬病ウイルスは，末梢から中枢へ，軸索終末から細胞体へと逆行性に移動し，増殖をすることで経シナプス伝播する性質をもっています．その性質を利用して，逆行性のトレーサーとして利用されました．この実験では，2種類の狂犬病ウイルスが使われました．1つは，単にGFPを発現しながら逆行性に伝播していくもの，もう1つは，Cre存在下の細胞でDNAの組換えが起こるとGFPが発現し伝播していくものです．前者では，MPOAに存在するあらゆるニューロンがGFPを発現し，それらへ投射のある領域がすべて可視化され，後者ではGnRHニューロンのみGFPを発現し，それに投射しているニューロンのみが特異的に可視化されます．前者のウイルスと後者のウイルスの結果を比較することで，実験の正確性をより保証するものとしています．

　Backらと Dulac らのそれぞれの結果は，同じ雑誌の同じ号に連続で掲載されました（Boehm et al., 2005；Yoon et al., 2005；図 8.12）．Buck の結果は，簡単にいうと「GnRH ニューロンへは，主嗅覚系と鋤鼻系両方から入力がある」でした．一方，Dulac の結果は，「MPOA の GnRH ニューロンには主嗅覚系からのみの入力があるが，MPOA の他のニューロンには鋤鼻系からの入力もある」というものでした．同じような結果ですが，得られた結果の信憑性が随分と違います．GnRH ニューロンへ入力のある神経回路を可視化するという意味では同じであったのに，その差はどこで生じたのでしょうか？

　回路を可視化する手法では，起点となる細胞をどれだけ限定できるかにかかっています．Buck の実験は，脳内のすべての GnRH ニューロンで BL を発現する方法でした．GnRH ニューロンは MPOA だけでなく，視床下部の外側視索前野（LPOA），内側視索前核（MPON）や，視床下部以外にも対角帯，前嗅核にも存在します．この方法では，MPOA 以外のニューロンの投射経路を排除できません．また，BL は順行性にも逆行性にも運ばれるトレーサーであったため，データの解釈が難しくなったと思います．一方 Dulac の方法では，MPOA の GnRH ニューロンのみを可視化し，逆行性選択的に感染する狂犬病ウイルスを用いたため，限局した回路の可視化が可能となったのです．この実験当時は，病原性をもった狂犬病ウイルスが使われていました．そのため，タ

8.5 フェロモン情報はどこへいく

イミングを誤ると次々に狂犬病ウイルスが伝播してしまい，解析が困難になるという安全面からの問題がありました．現在では病原性を欠失させた狂犬病ウ

(Buck 法) P_{GnRH}-BL-IRES-GFP トランスジェニックマウス

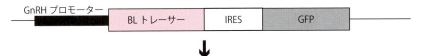

・GnRH を発現するすべての細胞で BL トレーサーと GFP が発現する．
・BL トレーサーは順行性，逆行性の両方をラベルする．

(Dulac 法) GnRH(LHRH)::Cre ノックインマウス

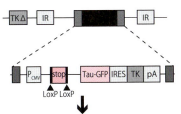

＋

狂犬病ウイルスベクター（Ba2001）　または　狂犬病ウイルスベクター（PRV152）

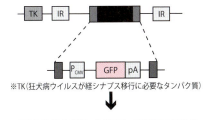

・Ba2001 注入部位（MPOA）の Cre リコンビナーゼが発現している細胞（GnRH ニューロン）のみで Tau-GFP を発現する．

・Tau-GFP を発現した細胞を起点に逆行性の経シナプスに Tau-GPF が運ばれる．

・PRV152 注入部位（MPOA）の細胞で GFP を発現する．

・GFP を発現した細胞を起点に逆行性の経シナプスに GPF が運ばれる．

図 8.12　GnRH ニューロンへ入力する神経回路の特定法
2005 年に発表された当時としては画期的だった 2 つの実験動物の作製法．Boehm et al. (2005), Yoon et al. (2005) より改変.

イルスや，連続的に感染せずに1回の逆行性伝播で止まるものなどが改良されています（Miyamichi et al., 2011）.

余談ですが，現在でも Dulac のほうが論理的で信念のある研究を行っているものの，ノーベル賞をもらったのは Buck です．賞罰はどうしても能力だけでなく時の運に左右されるところがあるものです．

方法論の話はさておき，鋤鼻系から GnRH ニューロンへの直接的な投射が見られなかったことは衝撃的でした．これまでの研究結果より，鋤鼻系が生殖にかかわる神経系に携わっているのは当然と思われていたからです．

8.5.3 新たな役者『kisspeptin ニューロン』

ちょうどその頃，kisspeptin ニューロンが脚光を浴びはじめました．Kisspeptin は 54 アミノ酸からなるペプチド性の神経伝達物質です（大蔵 他，2011）．この受容体である GPR54 に欠損がある人は，性成熟に達しないことが報告され（de Roux et al., 2003; Seminara et al., 2003），kisspeptin が生殖機能制御に深くかかわっていると示唆されました．kisspeptin ニューロンは視床下部の弓状核（Arc）と前腹側室周囲核（AVPV），あるいは内側視索前野（MPOA）（※動物種によって若干異なります）の2カ所に存在しています．ヤギの雄効果フェロモンの話でも触れましたが，GnRH のパルス状分泌を制御しているのは弓状核の kisspeptin ニューロンであるとされています．この kisspeptin ニューロンに内側扁桃体からの入力があることから，鋤鼻系の一部の終着地点と考えられています（Sakamoto et al., 2013）．

なぜ Dulac の論文では，狂犬病ウイルスが GnRH ニューロンから伝播し，kisspeptin ニューロンを介してその先の鋤鼻系まで可視化しなかったのでしょうか？ 弓状核の kisspeptin ニューロンは，正中隆起に伸ばす GnRH ニューロンの軸索にはたらきかけて GnRH の分泌を調節します（図 8.7）．狂犬病ウイルスは逆行性に伝播するので感染細胞から樹状突起方向に流れ，経シナプス性に伝播していきます．GnRH ニューロンは，弓状核の kisspeptin ニューロンと"軸索同士"のコネクションを形成していたため可視化されなかったと予想しています．

8.5.4 視床下部と鋤鼻系

　鋤鼻系の最終目的地は視床下部であると繰り返し述べてきました．これまでの話から，視床下部の機能が本能的な行動にかかわるであろうことは理解できていると思います．では，視床下部とはそもそもどんな脳組織なのでしょう．

　視床下部は脳の深部にあり，大脳皮質の発達したヒトでは脳全体容量の1％程度にすぎません．しかし，その機能は自律神経系および内分泌系の中枢であり，恒常性を保つだけでなく，摂食・繁殖・睡眠の3大欲求を制御するほか，情動にも深くかかわっています．

　図8.13は，マウスとヒトの脳における視床下部の位置と大きさを示しています．マウスは脳自体が小さいため，脳全体に占める視床下部の割合はヒトに比べると大きいですが，前後幅はわずか2〜3mmであり，正中（第三脳室）からの横幅は1mm弱ととても小さいです．そこに細かく仕切られた神経核（脳の機能単位）が所狭しと詰め込まれています．たとえば，前出のkisspeptinニューロンの一部がある弓状核（Arc）は，視床下部の後部の脳室付近にわずかに存在するだけであることがわかると思います．1つの神経核の大きさから考えて，機能担当ニューロンの数は限られていると想像できます．また視床下部では，大脳皮質などのように同じような性質のニューロン群が神経核ごとに機能を使い分けているのではなく，それぞれのニューロンが独自の神経伝達物質をもっています．その多くはペプチド性で，決められたニューロンでのみ発現しています．大脳皮質は可塑性が高く，失った脳領域を近傍の脳領域が代替できますが，視床下部ではそれぞれのニューロンの独自性が高いため，失った機能をカバーすることができません．そのため，1つの神経核が小さな損傷を受けただけで，ある種の本能行動に甚大な影響を与えることになってしまうのです．外側視床下部（LH）にあるオレキシンニューロンが欠落するとナルコレプシーという睡眠障害を発症することなどが代表的な例です（桜井，2010）．

　また，視床下部の1つの神経核に存在するニューロンは一様ではなく，複数種類のニューロンが混在しています．1つのニューロンが複数のペプチド性伝達物質をもつこともあり，その制御機構はかなり複雑であると予想されます．

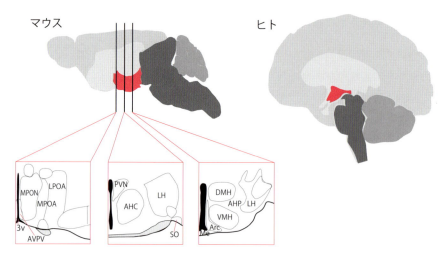

図 8.13 マウスおよびヒトの視床下部の位置と視床下部の神経核
それぞれの脳の正中線付近の視床下部の位置(赤色)とマウス脳横断面での視床下部神経核の位置(主要な核のみ記載). AHC:前視床下部核中央部, AHP:前視床下部核尾側部, Arc:弓状核, AVPV:前腹側脳室周囲核, DMH:視床下部背内側核, LPOA:外側視索前野, Me:正中隆起, MPOA:内側視索前野, MPON:内側視索前核, LH:外側視床下部, PVN:室傍核, SO:視索上核, VMH:視床下部腹内側核, 3v:第三脳室. Paxinos and Franklin (2001), Watson and Paxinos (2010) を参考に作成.

さらに,視床下部は**ホルモン**の影響を色濃く受ける部位でもあるため,視床下部内の局所回路の理解は一筋縄ではいきません.

しかし,神経核の破壊実験を行うと,その神経核が担当する機能に障害が顕著に現れることから,それぞれの神経核が担当する機能については解析されています.鋤鼻系からの情報が視床下部に入力し,行動として現れるものには,**性行動**,**危険回避(または闘争)行動**,**養育行動**が挙げられます(マウスの場合).それぞれの行動出現にかかわる神経核を,図8.14に示しました(Sokolowski and Corbin, 2012).これは,破壊実験から得られた知見をまとめたものです.しかし,図を眺めてみると,全く同じでないが同じような神経核を経由している,ということがわかると思います.これは,1つの神経核に特定の機能ニューロンが複数存在する場合と,同じニューロンが刺激入力に応じて別の機能を示している場合が考えられます.

そうした視床下部神経核の細かい機能の解析は,この数年でにわかに伸展し

8.5 フェロモン情報はどこへいく

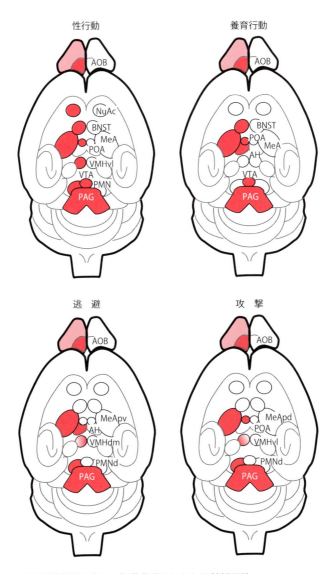

図 8.14 マウスの鋤鼻系を介した行動出現にかかわる神経回路
それぞれの行動に関連する領域を赤で示す．主嗅球の情報も一部入力する．AOB：副嗅球，BNST：分界条床核，MeA：内側扁桃体，MeApd：内側扁桃体後背側部，MeApv：内側扁桃体後腹側部，POA：視索前野，NuAc：側坐核，PAG：中脳水道周囲灰白質，PMN：乳頭体前核，PMNd：乳頭体前核背側部，VMHdm：視床下部腹内側核背内側部，VMHvl：視床下部腹内側核腹外側部，VTA：腹側被蓋野．Sokolowski and Corbin（2012）より改変．

ました．それを支えている技術は"光遺伝学"とよばれ，2006年以降急速に発展した研究手法です（Deisseroth *et al.*, 2006; Zhang *et al.*, 2006）．哺乳類の光受容体はGPCRですが，藻類や菌類にはチャネル型の光受容体をもっているものがいます．それらの光受容体は，一定の波長の光を受けるとチャネルを開口し，特定なイオンを透過します．実験によく使われているものには，チャネルロドプシン（おもにナトリウムイオンを透過）やハロロドプシン（塩化物イオンを透過）などがあります．これらのチャネル型光受容体をマウスの特定なニューロンに強制発現させて光を当てると，イオンの流入が起こり，そのニューロンだけ特異的に興奮または抑制させることができます（図8.15）．この技術を使った最近の実験を一部紹介します．

8.5.5 養育行動を制御するニューロン群

　内側視索前野（MPOA，図8.14ではPOAで表示）は，性行動や養育行動にかかわる視床下部の神経核です（Tsuneoka *et al.*, 2013）．第8.5.2項で登場したGnRHニューロンの存在する部位でもあります．この章で紹介した"細胞種を特定せずにGFP発現狂犬病ウイルスをMPOAのニューロンへ注入"した際には，鋤鼻系の神経回路が可視化されていることから，鋤鼻系の直接入力があると証明されています．ここにgalaninというペプチド性タンパク質を発現するニューロン群が存在し，そのニューロンが養育行動に直接かかわっていることが，光遺伝学を用いた実験で示されています（Wu *et al.*, 2014）．具体的には，galaninのプロモーター下にCreリコンビナーゼを発現するトランスジェニックマウスを使い，MPOAにアデノ随伴ウイルス（AAV）というウイルスベクターを注入します（図8.15）．AAVは，神経細胞への取り込み効率が高く，病原性が低いため，近年神経科学分野で頻用されているウイルスベクターです．まず，Cre存在下でジフテリアトキシンという毒素を発現するAAVを注入し，galaninニューロンを死滅させ，その個体の養育行動を観察しました．通常，雌マウスは，交尾の経験がなくても仔マウスを呈示されると養育行動（なめる，巣づくり，巣へ連れ戻すなど）を行いますが，galaninニューロンの欠失割合が高いマウスは養育行動ではなく攻撃行動を引き起こしました．交尾経験のある父マウスも通常は養育行動を行いますが，

galanin ニューロンを欠失すると養育行動を放棄するようになります（攻撃はしません）．次に，MPOA の galanin ニューロンを強制的に活性化させ，行動に変化を与えるか調べました．こちらは，Cre 存在下で**チャネル型光受容体**である**チャネルロドプシン**を発現する AAV を用いました．マウスの頭部に直接**光ファイバー**を埋め込み，自由行動下のマウスを観察しながら galanin ニ

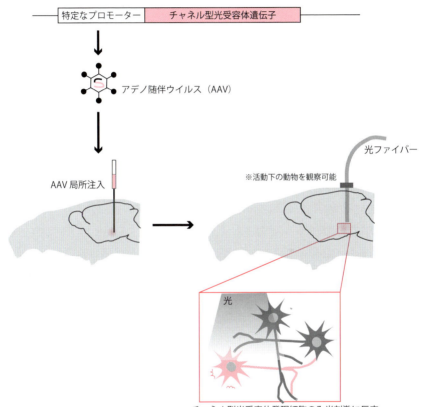

図 8.15　光遺伝学を用いた神経回路解析の概要
特定のニューロンだけではたらくプロモーターの下流に，チャネル型光受容体（チャネルロドプシンなど）の遺伝子を組み込んだアデノ随伴ウイルスを作成し，局所注入する．光受容体発現の後，狙った場所に光ファイバーを挿入する．特定の波長を与えることで，光受容体を発現する細胞のみが光刺激に応じて強制的に興奮（または抑制）される．光ファイバーは柔軟性があるので，被験動物は自由行動可能で，刺激依存的に表出する行動を解析できる．

ューロンの活動をコントロールしました．光刺激がないと，交尾経験のない雄マウスは仔マウスに攻撃行動を示します．しかし，光刺激された交尾未経験マウスは養育行動を示すようになったのです．以上より，galanin ニューロンの活動が養育行動を促すと推察されました．

　これまでの神経核の破壊実験では，近傍に存在する GnRH ニューロンをはじめとする別の特性をもったニューロンも道連れにされていたため，1つの行動をコントロールする責任ニューロンを突き止めることはできませんでした．しかし，遺伝子改変技術と光遺伝学を使うことで，galanin 陽性のニューロンのはたらきが直接養育行動に結びつくことがわかったのです．

　しかし，残念ながらこの実験からは，仔由来の鋤鼻系入力が直接 MPOA の galanin ニューロンの抑制を行っているのか，または間接的に関与するのかについてはわかりませんでした．

8.5.6　性行動と攻撃性の意外な関係

　鋤鼻系の最終目的地として考えられているもう1つの重要な部位に視床下部腹内側核（VMH）があります．VMH の背内側部は食欲の中枢でもあり，VMH の破壊が摂食行動の異常を引き起こすことはよく知られています．図 8.14 を見ると，鋤鼻系では性行動と逃避／攻撃行動を制御していることがわかります（ちなみにここで示す"逃避"とは，捕食者からの防衛であり，"攻撃"はなわばり争いなどの同種間の闘争を意味します）．性行動と攻撃には，同じ VMH の腹外側部が関与することから，この2つの行動がどのように制御されているのか光遺伝学を用いて調べられました（Lee *et al.*, 2014）．

　Anderson らは，性行動と攻撃行動を司るニューロンが同じニューロンである可能性を示しています（Lin *et al.*, 2011）．まず，彼らは攻撃行動に関与するニューロンの特定を行いました．雄マウスが攻撃行動を行ったときに神経活動のあった VMH のニューロンを c-fos で確認し，そのニューロンに共存する特定のマーカーを検索したところ，VMH の腹外側では顕著にエストロジェン受容体1（Esr1）の発現が高く，このニューロンが攻撃行動後に c-fos の発現上昇が見られることがわかりました．そのため，前述（第 8.5.6 項）とほぼ同じ方法で Esr1 を発現するニューロン特異的にチャネル型光受容体を発現さ

せて，行動解析を行いました．被験動物の Est1 発現ニューロンに抑制型のハロロドプシンを発現させ，光刺激でそのニューロンの抑制ができるようにします．そこへ侵入雄を投入すると攻撃行動を示すのですが，光刺激を行うと，そのタイミングに同調して攻撃行動は抑制されました．一方，同じニューロンに興奮型のチャネルロドプシンを発現させて弱い光刺激を行うと，雄に対しても性行動（マウンティングなど）を示しました．さらに，同じ被験個体を用いて光刺激の強度を増強してみたところ，マウンティング行動から攻撃行動へ移行することがわかりました．以上の結果より，性行動と攻撃行動は全く同じニューロンが担っており，その刺激入力の強さや同期するニューロンの数などの影響で，表出する行動が変わってくることが明らかとなりました．これは，前項で述べた1つの神経核に複数のニューロンが混在するというものとは対照的に，1つの核にある同じニューロンが入力刺激によってこれほどまでに変わるということを示した例です．たとえは悪いですが，人間社会におけるドメスティックバイオレンスや戦地での性暴力を彷彿とさせる結果で，ぞっとします．

　光遺伝学の長所は，自由行動下における動物の特定のニューロンを人為的にコントロールし，行動解析ができることです．しかし，本来どのような刺激（種類，強さ，量）がくると前述のような結果に結びつくのかはわかりません．同じニューロンが刺激の強さによってこれほどまでに表現系を変えるということが明らかとなった以上，刺激源を特定することが必要となってくるでしょう．

▶▶▶ Q & A ◀◀◀

Q ヤギの電気生理の実験の話がありましたが，実際にヤギを飼育し，さらに実験もしていくのはとても大変ではないですか．

A 　大変だと思います．著者らは飼育経験がないので，実際にヤギで実験を行っている研究者にインタビューしました．回答してくださったのは，著者らの古い友人である（独）農業生物資源研究所の若林嘉浩研究員です．彼は本書で扱っているヤギの実験の多くに携わっており，海外でも若かりし頃から"goat boy"の異名で知られています．

　「実験に使用しているのは日本在来種のシバヤギで，国内数カ所で飼育されて

います．群れで飼育されているのは，おもに畜産草地研究所と東京大学付属牧場（いずれも茨城県）の2カ所です．シバヤギの成獣は雌雄とも有角で体重20〜30kgです．従順な性格のため，実験者1人で保定できます．噛む，蹴る，頭突きをするなどの攻撃をしないため，注意しないと怪我をするということもありません．現在当研究室では，飼育管理は所属研究所の家畜飼育部門の方々にご協力いただき，年間15〜20頭のシバヤギを維持しています．齧歯類と比較するととても大きいので，研究室で維持できる個体数には限りがあります．

　実験動物として普及しているマウスはサイズの小ささが利点の1つになっていますが，逆にヤギでは中型反芻家畜動物であることを利点として実験を行っています．たとえば，血中のホルモン濃度変化を測定したい場合，連続的な頻回採血が必要です．ヤギは頸静脈にカテーテルを留置することで非侵襲的に高頻度採血が可能で，体が大きい分多くの血液を長時間採取できます．マウスでは長時間の頻回採血は非常に困難です．また，マウスより格段に大きい脳をもっているため，記録電極を目的の部位に留置しやすく，手術成功率も高いです．記録がとれた個体は，通常半年〜数年にわたって繰り返し実験を行うことができます．そのため，少ない頭数でも効率的に実験可能です．」

　雄効果フェロモンの探索で，雄ヤギの頭部から揮発成分を回収したとのことですが，なぜ頭部からなのでしょうか．

　それまでの研究で，頭部の皮脂腺がテストステロン依存的に発達することがわかっていたためです．

　全体を通して，生物の多様性と，化学コミュニケーションの多様性についてたくさんの実例を知ることができました．今後の研究で特に注目を集めそうな点などはあるでしょうか．

　嗅覚受容体の発見から20年以上が経ち，嗅覚研究はこの10数年で急速に進歩しました．単一の分子がどんな受容体で受容され，その後電気信号に変換されどこに到達し，そしてどのように行動に結びつくのか徐々に解明されつつあります．嗅覚研究を行っている研究者の目的や興味はさまざまですが，末梢の（いわゆる鼻先の）研究はすでに応用研究に突入しているため，基礎研究を行う多くの研究者の興味は脳の奥深くに入っています．今後詳細な検証が必要と思われるのは，最終アウトプットを決めている脳領域の制御，それにかかわる神経回路ではないでしょうか．

　今後の研究の発展には1つ注意しなくてはいけないことがあります．これまで

の神経科学研究は，おもに齧歯類モデルが使われてきました．分子レベルの受容や神経活動のメカニズムなどは動物間の種差はさほどないといえます．しかし，表出する行動は動物種によってさまざまです．そう考えると，動物間で最も異なっているものは神経回路やそれを調節する方法ではないでしょうか．現在実験室で飼育されているマウスは，生命科学研究を容易にするために改良されてきた動物です．同じ系統間ではあまり遺伝的な差がありません．そのため，同一系統間での個体差はわずかで，いかにもすべての動物が同じ回路を使っているように見えています．自分に歳の近い兄弟がいる，複数人のお子さんがいる，または同時に数頭の動物を飼育したことのある方にはおわかりいただけると思いますが，実際の動物というのは明らかに個体差があります．たとえば，情動行動に関していえば，"怖い"と感じるレベルも種類も違いますよね．後天的な学習だけでは説明のつかない事例も多々あります．

第8章の最後で取り上げた視床下部の話もほとんどがマウスを使った実験の結果です．まだまだ追試が少なく発展途上の分野でもあります．動物種差，個体差を含めたそれらの理解が深まると，応用研究としてヒトの幸福度を上げるための刺激源の開発や疾患を和らげるための方法などが開発されていくと思います．

9 おわりに

　これまで述べてきたとおり，鋤鼻系神経回路のアウトプットが"繁殖"・"防衛"・"養育"に関する神経系に集約することがわかりました．本書の冒頭で，動物とは，『感覚系を使って繁殖可能な年齢まで生き延び，感覚系を使って優位な立場で子孫が生きられそうな繁殖相手を選んで繁殖するために動き回る生き物』であると表現しました．繁殖可能な年齢まで生き延び，子孫を残すために駆使する感覚，これが鋤鼻系です．

　ただし，紹介した多くの事例はあくまで齧歯類の話です（これ以外の動物も少し登場しましたが）．哺乳類以外の動物では，必ずしも"鋤鼻系は子孫繁栄の系"仮説に該当しません．ヘビでは，鋤鼻系はもっぱら捕食に使われると考えられていますし，魚類でも鋤鼻受容体では獲物の情報をキャッチしていると考えられています．それに，鳥類には鋤鼻系は存在しませんが，多くの種で甲斐甲斐しく子育てを行います．いや，もしかしたら鋤鼻系が存在しないからこそ雄も雌も子育て行動を行うのかもしれません．

　哺乳類でも鋤鼻系が退化しているイルカやコウモリ，高等霊長類なども他の哺乳類と繁殖や養育に関してそれほど差があるとは思えません．マウスでも嗅覚系を全面的に遮断した場合，繁殖に重大な欠陥を示しますが，鋤鼻系の遮断は繁殖に影響を与えません（少なくとも実験室レベルでは）．それでは，鋤鼻系の必要性は一体何でしょうか？

　単孔類を除く哺乳類は，母体内で胎仔を一定期間育成してから出産します．この間，胎仔は母親の羊水の中で過ごします．有袋類の胎生期は短いですが，

その後，母親の育児嚢の中で長期間授乳を受けて育ちます．この発生初期の母と子の密接な関係が哺乳類独特の生態であるといえます（単孔類も授乳は行います）．繁殖に重要なはたらきをする GnRH ニューロン（第 8 章参照）は，胎生期に嗅粘膜と鋤鼻器の原基である嗅板から発生し，脳へと移動をしていくことが知られています．そして，視床下部へ到達し，繁殖に向けて活動を開始するのです．GnRH ニューロンの移動は哺乳類に限った現象ではありませんが，哺乳類の場合，哺乳類独特の胎生期という時期に，繁殖をコントロールする GnRH ニューロンが，繁殖のために重要な情報を得られる嗅覚関連原基から移動をしていくというのは何とも神秘的です．

　ヒトでは，Kallmann 症候群という遺伝的疾患があります．その原因は嗅上皮の発達異常なのですが，それにともなって GnRH ニューロンが視床下部へ移動できず，嗅覚欠損とともに性腺機能低下が見られます．このことからも，嗅覚と繁殖の結びつきの強さがわかります．

　ヒトの胎児期には鋤鼻器が存在するといわれています．しかし，報告も少なく，機能も未知です．もしかしたら胎児期に繁殖関連の神経回路をつくるためだけに存在しているのかもしれません．そして，太古に使っていた鋤鼻系の代わりに，主嗅覚系とそれ以外の感覚器に本来の役割を委ねたのでしょう．

　あくまでも個人的な意見ですが，繁殖活動を司るということから，哺乳類の鋤鼻系は本能的に自己認識をするための神経回路なのだと思います．繁殖，養育という社会行動を行ううえでは，自己のおかれている立場・環境を理解していないと他者に対して適切な行動はできません．また逆に，自己認識をするためにはまず他者を認識する必要があります．

　さて，最も人間らしい脳部位とはどこでしょうか．筆者は，前頭前皮質であると思っています．霊長類となって急速に発達した大脳皮質の中でも，特にヒトで発達が著しい脳部位です．前頭前皮質は，連合的思考や認知を司り，社会生活を営むうえで重要です．その腹側は眼窩前頭前野とよばれ，感情のコントロールに重要であると考えられています．主嗅球から梨状葉へ運ばれた情報の一部はこの眼窩前頭前野に送られます．そこで相互の連絡があり，情報のコントロールをしていると考えられています．ヒトを含めた高等霊長類は前頭前皮質の発達にともない，前頭前皮質を用いての自己認識が可能となったのではな

いでしょうか．そのため鋤鼻器の必要性が失われたのかもしれません．

　化学感覚は物質という絶対的な指標が存在するため，比較的正確に状況判断することができますが，前頭前皮質は絶対的な評価が難しく，相対的な価値判断しか行えないと思われます．そして前頭前皮質はストレスや疲労に脆弱です．前頭前皮質が疲弊すると，相対評価を誤り，間違った価値判断をしてしまうかもしれません．ヒトの鋤鼻器はもはや機能していないと思いますが，主嗅覚系は立派に機能しています．また，鋤鼻器の機能がなくとも，その本来の投射先である扁桃体内側核，分界条床核，視床下部の各神経核も立派に機能しています．ヒトでは，扁桃体内側核にどこから入力があるのか定かではありませんが，少なくとも主嗅覚系からの入力はあります．普段軽視されがちな嗅覚ですが，嗅覚を鋭敏に保つことが，人間らしくも動物らしくも有意義に生きるコツなのかもしれません．

参考図書・引用文献

参考図書

Bruce Alberts, Alexander Johnson, Jultan Lewis, Martin Raff, Keith Roberts, Peter Walter 著，中村佳子・松原謙一 監訳（2004）『細胞の分子生物学 第4版』，ニュートンプレス
Jシュテファン・イエリネク 著，狩野博美 訳（2002）『香りの記号論』，人間と歴史社
市川眞澄（2008）『フェロモンセンサー 鋤鼻器』，フレグランスジャーナル社
岩堀修明（2011）『図解 感覚器の進化』，講談社
長田俊哉・市川眞澄・猪飼 篤 編（2007）『フェロモン受容にかかわる神経系』，森北出版
柏柳 誠（2011）『人にフェロモンはあるのだろうか？』，フレグランスジャーナル社
エイヴリー・ギルバート 著，勅使河原まゆみ 訳（2009）『匂いの人類学』，ランダムハウス講談社
近藤保彦・小川園子・菊水健史・山田一夫・富原一哉 編（2010）『脳とホルモンの行動学』，西村書店
澁谷達明・市川眞澄 編（2007）『匂いと香りの科学』，朝倉書店
鈴木 隆（2002）『匂いのエロティシズム』，集英社
東原和成 編（2012）『化学受容の科学』，化学同人
中村祥二（2008）『調香師の手帖―香りの世界をさぐる』，朝日文庫
新村芳人（2012）『興奮する匂い食欲をそそる匂い』，技術評論社
レイチェル・ハーツ 著，前田久仁子 訳（2008）『あなたはなぜあの人の「におい」に魅かれるのか』，原書房
ピート・フローン，アントン・ファン・アメロンヘン，ハンス・デ・フリース 著，栩木 泰 訳（1999）『におい―秘密の誘惑社』，中央公論社
ベアー，MF・コノーズ，BW・パラディーソ，MA 著，加藤宏司・後藤 薫・藤井 聡 他 監訳（2007）『神経科学―脳の探求―』，西村書店
八岩まどか（1995）『匂いの力』，青弓社
NHK・NHKプロモーション・坂元志歩（2010-2011）『地球最古の恐竜展 公式カタログ』NHK，NHKプロモーション
Doty, RL. (2010) *The great pheromone myth*, The John Hopkins University Press
Evans, C. (2003) *Vomeronasal Chemoreception in vertebrates*, Imperial College Press
Watt, TD. (2003) *Pheromones and Animal Behaviour*. Cambridge University Press

引用文献

アゴスタ，WC 著，木村武次 訳（1995）『フェロモンの謎』，東京化学同人
市川眞澄（2007）「脊椎動物のフェロモンによるコミュニケーション」，『行動とコミュニケーション』（岡

参考図書・引用文献

良隆・蟻川謙太郎 編），培風館，167-196

市川眞澄（2008）『フェロモンセンサー：鋤鼻器』，フレグランスジャーナル社

J シュテァン・イエリネク 著，狩野博美 訳（2002）『香りの記号論』，人間と歴史社

大蔵 聡・上野山賀久・冨川純子・井上直子・東村博子・前多敬一郎（2011）「キスペプチン／メタスチン─繁殖を制御する新規神経ペプチド」，『日獣会誌』**64**，39-44

大蔵 聡・岡村裕昭（2007）「家畜のフェロモン行動」，『フェロモン受容にかかわる神経系』（長田俊哉・市川眞澄・猪飼 篤 編），森北出版，153-175

柏柳 誠（2011）『人にフェロモンはあるのだろうか？』，フェレグランスジャーナル社

椛 秀人（2007）「フェロモン記憶と個体認識」，『フェロモン受容にかかわる神経系』（長田俊哉・市川眞澄・猪飼 篤 編），森北出版，113-134

菊水健史・森 裕司（2007）「齧歯類におけるフェロモン行動」，『フェロモン受容にかかわる神経系』（長田俊哉・市川眞澄・猪飼 篤 編），森北出版，176-201

菊池俊英（1972）『匂いの世界』，みすず書房

郷 康広（2012）「総論：受容体遺伝子の進化」，『化学受容の科学』（東原和成 編），化学同人，71-82

近藤大輔（2013）「ヘビ類の主嗅覚系および鋤鼻系におけるレクチン組織化学的ならびに免疫組織化学研究」，『岩獣会報』**39**，3-15

櫻井 武（2010）『睡眠の科学』，講談社

鈴木 隆（2002）『匂いのエロティシズム』，集英社

ストダルト，DM 著，木村武次・林 進 訳『哺乳類のにおいと生活』，朝倉書店

東京芸術大学美術館（2011）『香り─かぐわしき名宝展』，日本経済新聞社

中井淳一・大倉正道（2002）「GFP を用いた蛍光カルシウムプローブ G-CaMP の開発」，『比較生理性化学』**19**，135-145

新村芳人（2012）「嗅覚受容体遺伝子ファミリー」，『化学受容の科学』（東原和成 編），化学同人，25-40

古田 都・菊水健史（2010）「子育て行動」，『脳とホルモンの行動学』（近藤保彦 他 編），西村書店，112-124

三輪高喜（1999）「ヒトの鋤鼻器の存在─日本人での検討」，『日本味と匂学会誌』**6**，69-71．

森 裕司・岡村裕明（2007）「匂いと行動のメカニズム─大型哺乳類」，『匂いと香りの科学』（渋谷達明・市川眞澄 編），朝倉書店，203-209

山崎邦郎（2003）「匂いと行動遺伝」，『匂いと香りの科学』（渋谷達明・市川眞澄 編），朝倉書店，166-183

横須賀誠・斉藤 徹（2010）「種内コミュニケーション」，『脳とホルモンの行動学』（近藤保彦 他 編），西村書店，66-81

吉川敬一（2012）「in vitro 発現・解析法」，『化学受容の科学』（東原和成 編），化学同人，94-105

和智進一（1999）「市場でのフェロモン 香水における現状」，『日本味と匂学会誌』**6**，55-56

若林嘉浩（2007）「脊椎動物の嗅覚器，鋤鼻器」，『フェロモン受容にかかわる神経系』（長田俊哉・市川眞澄・猪飼 篤 編），森北出版，75-92

Bear, MF., Singer, W. (1986) Modulation of visual cortical plasticity by acetylcholine and noradrenaline. *Nature*, **320**, 172-176

Ben-Shaul, Y., Katz, LC., Mooney, R., Dulac, C. (2010) In vivo vomeronasal stimulation reveals sensory encoding of conspecific and allospecific cues by the mouse accessory olfactory bulb. *Proc Natl Acad Sci U S A*, **107**, 5172-5177

Bergan, JF., Ben-Shaul, Y., Dulac, C. (2014) Sex-specific processing of social cues in the medial amygdala. *Elife*, **3**, e02743

Boehm, U., Zou, Z., Buck, LB. (2005) Feedback loops link odor and pheromone signaling with reproduction. *Cell*, **123**, 683-695

Bonadonna, F., Nevitt, GA. (2004) Partner-specific odor recognition in an Antarctic seabird. *Science*, **306**, 835

Boschat, C., Pelofi, C., Randin, O., Roppolo, D., Luscher, C., Broillet, MC., et al. (2002) Pheromone detection mediated by a V1r vomeronasal receptor. *Nat Neurosci*, **5**, 1261-1262

Bozza, T., McGann, JP., Mombaerts, P., Wachowiak, M. (2004) In vivo imaging of neuronal activity by targeted expression of a genetically encoded probe in the mouse. *Neuron*, **42**, 9-21

Brechbuhl, J., Klaey, M., Broillet, MC. (2008) Grueneberg ganglion cells mediate alarm pheromone detection in mice. *Science*, **321**, 1092-1095

Broad, KD., Levy, F., Evans, G. Kimura T, Keverne EB, Kendrick KM (1999) Previous maternal experience potentiates the effect of parturition on oxytocin receptor mRNA expression in the paraventricular nucleus. *Eur J Neurosci*, **11**, 3725-3737

Bruce, HM. (1959) An exteroceptive block to pregnancy in the mouse. *Nature*, **184**, 105

Brykczynska, U., Tzika, AC., Rodriguez, I., Milinkovitch, MC. (2013) Contrasted evolution of the vomeronasal receptor repertoires in mammals and squamate reptiles. *Genome Biol Evol*, **5**, 389-401

Buck, L., Axel, R. (1991) A novel multigene family may encode odorant receptors: a molecular basis for odor recognition. *Cell*, **65**, 175-187

Cameron, EL. (2014) Pregnancy does not affect human olfactory detection thresholds. *Chem Senses*, **39**, 143-150

Chamero, P., Leinders-Zufall, T., Zufall, F. (2012) From genes to social communication: molecular sensing by the vomeronasal organ. *Trends Neurosci*, **35**, 597-606

Chess, A., Simon, I., Cedar, H., Axel, R. (1994) Allelic inactivation regulates olfactory receptor gene expression. *Cell*, **78**, 823-834

Choi, GB., Dong, HW., Murphy, AJ., Valenzuela, DM., Yancopoulos, GD., Swanson, LW., et al. (2005) Lhx6 delineates a pathway mediating innate reproductive behaviors from the amygdala to the hypothalamus. *Neuron*, **46**, 647-660

Curtis, JT., Liu, Y., Wang, Z. (2001) Lesions of the vomeronasal organ disrupt mating-induced pair bonding in female prairie voles (Microtus ochrogaster). *Brain Res*, **901**, 167-174

Date-Ito, A., Ohara, H., Ichikawa, M., Mori, Y., Hagino-Yamagishi, K. (2008) Xenopus V1R vomeronasal receptor family is expressed in the main olfactory system. *Chem Senses*, **33**, 339-346

de Roux, N., Genin, E., Carel, JC., Matsuda, F., Chaussain, JL., Milgrom, E. (2003) Hypogonadotropic hypogonadism due to loss of function of the KiSS1-derived peptide receptor GPR54. *Proc Natl Acad Sci U S A*, **100**, 10972-10976

Deisseroth, K., Feng, G., Majewska, AK., Miesenbock, G., Ting, A., Schnitzer, MJ. (2006) Next-generation optical technologies for illuminating genetically targeted brain circuits. *J Neurosci*, **26**, 10380-10386

Dey, S., Matsunami, H. (2011) Calreticulin chaperones regulate functional expression of vomeronasal type 2 pheromone receptors. *Proc Natl Acad Sci U S A*, **108**, 16651-16656

Dong, HW., Swanson, LW. (2004) Projections from bed nuclei of the stria terminalis, posterior division: implications for cerebral hemisphere regulation of defensive and reproductive behaviors. *J Comp Neurol*, **471**, 396-433

Dorries, KM., Adkins-Regan, E., Halpern, BP. (1995) Olfactory sensitivity to the pheromone, androstenone, is sexually dimorphic in the pig. *Physiol Behav*, **57**, 255-259

Doty, RL., Cameron, EL. (2009) Sex differences and reproductive hormone influences on human odor perception. *Physiol Behav*, **97**, 213-228

Dulac, C., Axel, R. (1995) A novel family of genes encoding putative pheromone receptors in mammals. *Cell*, **83**, 195-206

Fan, S., Luo, M. (2009) The organization of feedback projections in a pathway important for processing pheromonal signals. *Neuroscience*, **161**, 489-500

Ferrero, DM., Moeller, LM., Osakada, T., Horio, N., Li, Q., Roy, DS., et al. (2013) A juvenile mouse pheromone inhibits sexual behaviour through the vomeronasal system. *Nature*, **502**, 368-371

Fuss, SH., Omura, M., Mombaerts, P. (2005) The Grueneberg ganglion of the mouse projects axons to glomeruli in the olfactory bulb. *Eur J Neurosci*, **22**, 2649-2654

Gangestad, SW., Thornhill, R. (1998) Menstrual cycle variation in women's preferences for the scent of symmetrical men. *Proc Biol Sci*, **265**, 927-933

Gonzalez, A., Morona, R., Lopez, JM., Moreno, N., Northcutt, RG. (2010) Lungfishes, like tetrapods, possess a vomeronasal system. *Front Neuroanat*, **4**

Gould, E. (2007) How widespread is adult neurogenesis in mammals? *Nat Rev Neurosci*, **8**, 481-488

Gracheva, EO., Ingolia, NT., Kelly, YM., Cordero-Morales, JF., Hollopeter, G., Chesler, AT., et al. (2010) Molecular basis of infrared detection by snakes. *Nature*, **464**, 1006-1011

Grus, WE., Shi, P., Zhang, J. (2007) Largest vertebrate vomeronasal type 1 receptor gene repertoire in the semiaquatic platypus. *Mol Biol Evol*, **24**, 2153-2157

Guevara-Guzman, R., Buzo, E., Larrazolo, A., de la Riva, C., Da Costa, AP., Kendrick, KM. (2001) Vaginocervical stimulation-induced release of classical neurotransmitters and nitric oxide in the nucleus of the solitary tract varies as a function of the oestrus cycle. *Brain Res*, **898**, 303-313

Haga, S., Hattori, T., Sato, T., Sato, K., Matsuda, S., Kobayakawa, R., *et al.* (2010) The male mouse pheromone ESP1 enhances female sexual receptive behaviour through a specific vomeronasal receptor. *Nature*, **466**, 118-122

Hagino-Yamagishi, K., Moriya, K., Kubo, H., Wakabayashi, Y., Isobe, N., Saito, S., *et al.* (2004) Expression of vomeronasal receptor genes in Xenopus laevis. *J Comp Neurol*, **472**, 246-256

Hagino-Yamagishi, K., Nakazawa, H. (2011) Involvement of Galpha(olf)-expressing neurons in the vomeronasal system of Bufo japonicus. *J Comp Neurol*, **519**, 3189-3201

Hamada, T., Nakajima, M., Takeuchi, Y., Mori, Y. (1996) Pheromone-induced stimulation of hypothalamic gonadotropin-releasing hormone pulse generator in ovariectomized, estrogen-primed goats. *Neuroendocrinology*, **64**, 313-319

Hansen, A., Anderson, KT., Finger, TE. (2004) Differential distribution of olfactory receptor neurons in goldfish: structural and molecular correlates. *J Comp Neurol*, **477**, 347-359

Hansen, A., Reiss, JO., Gentry, CL., Burd, GD. (1998) Ultrastructure of the olfactory organ in the clawed frog, Xenopus laevis, during larval development and metamorphosis. *J Comp Neurol*, **398**, 273-288

Hayden, S., Bekaert, M., Crider, TA., Mariani, S., Murphy, WJ., Teeling, EC. (2010) Ecological adaptation determines functional mammalian olfactory subgenomes. *Genome Res*, **20**, 1-9

Herrada, G., Dulac, C. (1997). A novel family of putative pheromone receptors in mammals with a topographically organized and sexually dimorphic distribution. *Cell*, **90**, 763-773

Hohenbrink, P., Mundy, NI., Zimmermann, E., Radespiel, U. (2013) First evidence for functional vomeronasal 2 receptor genes in primates. *Biol Lett*, **9**, 20121006

Hurst, JL., Payne, CE., Nevison, CM., Marie, AD., Humphries, RE., Robertson, DH., *et al.* (2001) Individual recognition in mice mediated by major urinary proteins. *Nature*, **414**, 631-634

Ichikawa, M. (1987) Synaptic reorganization in the medial amygdaloid nucleus after lesion of the accessory olfactory bulb of adult rat. I. Quantitative and electron microscopic study of the recovery of synaptic density. *Brain Res*, **420**, 243-252

Ichikawa, M. (1987) Synaptic reorganization in the medial amygdaloid nucleus after lesion of the accessory olfactory bulb of adult rat. II. New synapse formation in the medial amygdaloid nucleus by fibers from the bed nucleus of the stria terminalis. *Brain Res*, **420**, 253-258

Ichikawa, M. (2003) Synaptic mechanisms underlying pheromonal memory in vomeronasal system. *Zoolog Sci*, **20**, 687-695

Ichikawa, M., Osada, T. (1995) Morphology of vomeronasal organ cultures from fetal rat. *Anat Embryol (Berl)*, **191**, 25-32

Ichikawa, M., Osada, T., Ikai, A. (1992) Bandeiraea simplicifolia lectin I and Vicia villosa agglutinin bind specifically to the vomeronasal axons in the accessory olfactory bulb of the rat. *Neurosci Res*, **13**, 73-79

Ichikawa, M., Shin, T., Kang, MS. (1999) Fine structure of vomronasal sensory epithelium of Korean goat. *Reproduction Decelopment*, **45**, 81-89

Igarashi, KM., Ieki, N., An, M., Yamaguchi, Y., Nagayama, S., Kobayakawa, K., *et al.* (2012) Parallel mitral and tufted cell pathways route distinct odor information to different targets in the olfactory cortex. *J Neurosci*, **32**, 7970-7985

Imayoshi, I., Sakamoto, M., Ohtsuka, T., Takao, K., Miyakawa, T., Yamaguchi, M., *et al.* (2008) Roles of continuous neurogenesis in the structural and functional integrity of the adult forebrain. *Nat Neurosci*, **11**, 1153-1161

Isogai, Y., Si, S., Pont-Lezica, L., Tan, T., Kapoor, V., Murthy, VN., *et al.* (2011) Molecular organization of vomeronasal chemoreception. *Nature*, **478**, 241-245

Johnston, RE., Rasmussen, K. (1984) Individual recognition of female hamsters by males: role of chemical cues and of the olfactory and vomeronasal systems. *Physiol Behav*, **33**, 95-104

Jones, G., Teeling, EC., Rossiter, SJ. (2013) From the ultrasonic to the infrared: molecular evolution and the sensory biology of bats. *Front Physiol*, **4**, 117

Kang, N., Baum, MJ., Cherry, JA. (2009) A direct main olfactory bulb projection to the 'vomeronasal' amygdala in female mice selectively responds to volatile pheromones from males. *Eur J Neurosci*, **29**, 624-634

Karlson, P., Luscher, M. (1959) Pheromones': a new term for a class of biologically active substances. *Nature*, **183**, 55-56

Kasai, H., Fukuda, M., Watanabe, S., Hayashi-Takagi, A., Noguchi, J. (2010) Structural dynamics of dendritic spines in memory and cognition. *Trends Neurosci*, **33**, 121-129

Keil, W., von Stralendorff, F., Hudson, R. (1990) A behavioral bioassay for analysis of rabbit nipple-search pheromone. *Physiol Behav*, **47**, 525-529

Kendrick, KM. (2004) The neurobiology of social bonds. *J Neuroendocrinol*, **16**, 1007-1008

Kikusui, T., Takigami, S., Takeuchi, Y., Mori, Y. (2001) Alarm pheromone enhances stress-induced hyperthermia in rats. *Physiol Behav*, **72**, 45-50

Kikuyama, S., Toyoda, F., Ohmiya, Y., Matsuda, K., Tanaka, S., Hayashi, H. (1995) Sodefrin: a female-attracting peptide pheromone in newt cloacal glands. *Science*, **267**, 1643-1645

Kimchi, T., Xu, J., Dulac, C. (2007) A functional circuit underlying male sexual behaviour in the female mouse brain. *Nature*, **448**, 1009-1014

Kimoto, H., Haga, S., Sato, K., Touhara, K. (2005) Sex-specific peptides from exocrine glands stimulate mouse vomeronasal sensory neurons. *Nature*, **437**, 898-901

Kimoto, H., Sato, K., Nodari, F., Haga, S., Holy, TE., Touhara, K. (2007) Sex- and strain-specific expression and vomeronasal activity of mouse ESP family peptides. *Curr Biol*, **17**, 1879-1884

Kimoto, H., Touhara, K. (2005) Induction of c-Fos expression in mouse vomeronasal neurons by sex-specific non-volatile pheromone(s). *Chem Senses*, **30** Suppl 1, i146-147

Kirk-Smith, MD., Booth, DA. (1980) Effect of androstenon on choice of location in others presence. In: Olfaction and Taste VII. 390-400

Kiyokawa, Y., Kikusui, T., Takeuchi, Y., Mori, Y. (2004) Alarm pheromones with different functions are released from different regions of the body surface of male rats. *Chem Senses*, **29**, 35-40

Krautwurst, D., Yau, KW., Reed, RR. (1998) Identification of ligands for olfactory receptors by functional expression of a receptor library. *Cell*, **95**, 917-926

Lee, H., Kim, DW., Remedios, R., Anthony, TE., Chang, A., Madisen, L., et al. (2014) Scalable control of mounting and attack by Esr1+ neurons in the ventromedial hypothalamus. *Nature*, **509**, 627-632

Lee, SJ., Escobedo-Lozoya, Y., Szatmari, EM., Yasuda, R. (2009) Activation of CaMKII in single dendritic spines during long-term potentiation. *Nature*, **458**, 299-304

Leinders-Zufall, T., Lane, AP., Puche, AC., Ma, W., Novotny, MV., Shipley, MT., et al. (2000) Ultrasensitive pheromone detection by mammalian vomeronasal neurons. *Nature*, **405**, 792-796

Leypold, BG., Yu, CR., Leinders-Zufall, T., Kim, MM., Zufall, F., Axel, R. (2002) Altered sexual and social behaviors in trp2 mutant mice. *Proc Natl Acad Sci U S A*, **99**, 6376-6381

Liberles, SD., Buck, LB. (2006) A second class of chemosensory receptors in the olfactory epithelium. *Nature*, **442**, 645-650

Liman, ER., Corey, DP., Dulac, C. (1999) TRP2: a candidate transduction channel for mammalian pheromone sensory signaling. *Proc Natl Acad Sci U S A*, **96**, 5791-5796

Lin, D., Boyle, MP., Dollar, P., Lee, H., Lein, ES., Perona, P., et al. (2011) Functional identification of an aggression locus in the mouse hypothalamus. *Nature*, **470**, 221-226

Lin, DY., Zhang, SZ., Block, E., Katz, LC. (2005) Encoding social signals in the mouse main olfactory bulb. *Nature*, **434**, 470-477

Liu, HX., Lopatina, O., Higashida, C., Fujimoto, H., Akther, S., Inzhutova, A., et al. (2013) Displays of paternal mouse pup retrieval following communicative interaction with maternal mates. *Nat Commun*, **4**, 1346

Lo, L., Anderson, DJ. (2011) A Cre-dependent, anterograde transsynaptic viral tracer for mapping output pathways of genetically marked neurons. *Neuron*, **72**, 938-950

Loconto, J., Papes, F., Chang, E., Stowers, L., Jones, EP., Takada, T., et al. (2003) Functional expression of murine V2R pheromone receptors involves selective association with the M10 and M1 families of MHC class Ib molecules. *Cell*, **112**, 607-618

Luo, M., Fee, MS., Katz, LC. (2003) Encoding pheromonal signals in the accessory olfactory bulb of behaving mice. *Science*, **299**, 1196-1201

Ma, M., Grosmaitre, X., Iwema, CL., Baker, H., Greer, CA., Shepherd, GM. (2003) Olfactory signal transduction in the mouse septal organ. *J Neurosci*, **23**, 317-324

Magklara, A., Lomvardas, S. (2013) Stochastic gene expression in mammals: lessons from olfaction. *Trends Cell Biol*, **23**, 449-456

Mandiyan, VS., Coats, JK., Shah, NM. (2005) Deficits in sexual and aggressive behaviors in Cnga2 mutant mice. *Nat Neurosci*, **8**, 1660-1662

Mast, TG., Brann, JH., Fadool, DA. (2010) The TRPC2 channel forms protein-protein interactions with Homer and RTP in the rat vomeronasal organ. *BMC Neurosci*, **11**, 61

Matsunami, H., Buck, LB. (1997) A multigene family encoding a diverse array of putative pheromone receptors in mammals. *Cell*, **90**, 775-784

Matsuoka, M., Kaba, H., Mori, Y., Ichikawa, M. (1997) Synaptic plasticity in olfactory memory formation in female mice. *Neuroreport*, **8**, 2501-2504

McClintock, MK. (1971) Menstrual synchorony and suppression. *Nature*, **229**, 244-245

McGraw, LA., Young, LJ. (2010) The prairie vole: an emerging model organism for understanding the social brain. *Trends Neurosci*, **33**, 103-109

Michael, RP., Bonsall, RW., Warner, P. (1974) Human vaginal secretions: volatile fatty acid content. *Science*, **186**, 1217-1219

Michael, RP., Keverne, EB., Bonsall, RW. (1971) Pheromones: isolation of male sex attractants from a female primate. *Science*, **172**, 964-966

Miyamichi, K., Amat, F., Moussavi, F., Wang, C., Wickersham, I., Wall, NR., *et al.* (2011) Cortical representations of olfactory input by trans-synaptic tracing. *Nature*, **472**, 191-196

Monti-Bloch, L., Diaz-Sanchez, V., Jennings-White, C., Berliner, DL. (1998) Modulation of serum testosterone and autonomic function through stimulation of the male human vomeronasal organ (VNO) with pregna-4,20-diene-3,6-dione. *J Steroid Biochem Mol Biol*, **65**, 237-242

Monti-Bloch, L., Grosser, BI. (1991) Effect of putative pheromones on the electrical activity of the human vomeronasal organ and olfactory epithelium. *J Steroid Biochem Mol Biol*, **39**, 573-582

Monti-Bloch, L., Jennings-White, C., Dolberg, DS., Berliner, DL. (1994) The human vomeronasal system. *Psychoneuroendocrinology*, **19**, 673-686

Moran, DT., Jafek, BW., Rowley, JC, 3rd. (1991) The vomeronasal (Jacobson's) organ in man: ultrastructure and frequency of occurrence. *J Steroid Biochem Mol Biol*, **39**, 545-552

Mori, K., Manabe, H., Narikiyo, K., Onisawa, N. (2013) Olfactory consciousness and gamma oscillation couplings across the olfactory bulb, olfactory cortex, and orbitofrontal cortex. *Front Psychol*, **4**, 743

Mori, K., Sakano, H. (2011) How is the olfactory map formed and interpreted in the mammalian brain? *Annu Rev Neurosci*, **34**, 467-499

Mori, Y., Nishihara, M., Tanaka, T., Shimizu, T., Yamaguchi, M., Takeuchi, Y., *et al.* (1991) Chronic recording of electrophysiological manifestation of the hypothalamic gonadotropin-releasing hormone pulse generator activity in the goat. *Neuroendocrinology*, **53**, 392-395

Moriya-Ito, K., Endoh, K., Fujiwara-Tsukamoto, Y., Ichikawa, M. (2013) Three-dimensional reconstruction of electron micrographs reveals intrabulbar circuit differences between accessory and main olfactory bulbs. *Front Neuroanat*, **7**, 5

Moriya-Ito, K., Osada, T., Ishimatsu, Y., Muramoto, K., Kobayashi, T., Ichikawa, M. (2005) Maturation of vomeronasal receptor neurons in vitro by coculture with accessory olfactory bulb neurons. *Chem Senses*, **30**, 111-119

Morofushi, M., Shinohara, K., Funabashi, T., Kimura, F. (2000) Positive relationship between menstrual synchrony and ability to smell 5alpha-androst-16-en-3alpha-ol. *Chem Senses*, **25**, 407-411

Muramoto, K., Hashimoto, M., Kaba, H. (2007) Target regulation of V2R expression and functional maturation in vomeronasal sensory neurons in vitro. *Eur J Neurosci*, **26**, 3382-3394

Murata, K., Tamogami, S., Itou, M., Ohkubo, Y., Wakabayashi, Y., Watanabe, H., *et al.* (2014) Identification of an olfactory signal molecule that activates the central regulator of reproduction in goats. *Curr Biol*, **24**, 681-686

Murata, K., Wakabayashi, Y., Sakamoto, K., Tanaka, T., Takeuchi, Y., Mori, Y., *et al.* (2011) Effects of brief exposure of male pheromone on multiple-unit activity at close proximity to kisspeptin neurons in the goat arcuate nucleus. *J Reprod Dev*, **57**, 197-202

Nagasawa, M., Okabe, S., Mogi, K., Kikusui, T. (2012) Oxytocin and mutual communication in mother-infant bonding. *Front Hum Neurosci*, **6**, 31

Nakada, T., Hagino-Yamagishi, K., Nakanishi, K., Yokosuka, M., Saito, TR., Toyoda, F., *et al.* (2014) Expression of G proteins in the olfactory receptor neurons of the newt Cynops pyrrhogaster: Their unique projection into the olfactory bulbs. *J Comp Neurol*

Nakamuta, S., Nakamuta, N., Taniguchi, K., Taniguchi, K. (2012) Histological and ultrastructural characteristics of the primordial vomeronasal organ in lungfish. *Anat Rec (Hoboken)*, **295**, 481-491

Nikaido, M., Rooney, AP., Okada, N. (1999) Phylogenetic relationships among cetartiodactyls based on insertions of short and long interspersed elements: hippopotamuses are the closest extant relatives of whales. *Proc Natl Acad Sci U S A*, **96**, 10261-10266

Novotny, M., Harvey, S., Jemiolo, B., Alberts, J. (1985) Synthetic pheromones that promote inter-male aggression in mice. *Proc Natl Acad Sci U S A*, **82**, 2059-2061

Numata, T., Kozai, D., Takahashi, N., Kato, K., Uriu, Y., Yamamoto, S., *et al.* (2009) [Structures and variable functions of TRP channels]. *Seikagaku*, **81**, 962-983

Ogawa, S., Washburn, TF., Taylor, J., Lubahn, DB., Korach, KS., Pfaff, DW. (1998) Modifications of testosterone-dependent behaviors by estrogen receptor-alpha gene disruption in male mice. *Endocrinology*, **139**, 5058-5069

Ohara, H., Okamura, H., Ichikawa, M., Mori, Y., Hagino-Yamagishi, K. (2013) Existence of Galphai2-expressing axon terminals in the goat main olfactory bulb. *J Vet Med Sci*, **75**, 85-88

Paxinos, G., Franklin, KBJ. (2001) *The Mouse Brain in Stereotaxic coordinates 2nd edition*. Academic Press

Powers, JB., Winans, SS. (1975) Vomeronasal organ: critical role in mediating sexual behavior of the male hamster. *Science*, **187**, 961-963

Rasmussen, LE., Lee, TD., Zhang, A., Roelofs, WL., Daves GD, Jr. (1997) Purification, identification, concentration and bioactivity of (Z)-7-dodecen-1-yl acetate: sex pheromone of the female Asian elephant, Elephas maximus. *Chem Senses*, **22**, 417-437

Riviere, S., Challet, L., Fluegge, D., Spehr, M., Rodriguez, I. (2009) Formyl peptide receptor-like proteins are a novel family of vomeronasal chemosensors. *Nature*, **459**, 574-577

Rodriguez, I., Greer, CA., Mok, MY., Mombaerts, P. (2000) A putative pheromone receptor gene expressed in human olfactory mucosa. *Nat Genet*, **26**, 18-19

Rubin, BD., Katz, LC. (1999). Optical imaging of odorant representations in the mammalian olfactory bulb. *Neuron*, **23**, 499-511

Ryba, NJ., Tirindelli, R. (1997). A new multigene family of putative pheromone receptors. *Neuron*, **19**, 371-379

Sakamoto, K., Wakabayashi, Y., Yamamura, T., Tanaka, T., Takeuchi, Y., Mori, Y., et al. (2013) A population of kisspeptin/neurokinin B neurons in the arcuate nucleus may be the central target of the male effect phenomenon in goats. *PLoS One*, **8**, e81017

Sakamoto, M., Imayoshi, I., Ohtsuka, T., Yamaguchi, M., Mori, K., Kageyama, R. (2011) Continuous neurogenesis in the adult forebrain is required for innate olfactory responses. *Proc Natl Acad Sci U S A*, **108**, 8479-8484

Sakamoto, M., Kageyama, R., Imayoshi, I. (2014) The functional significance of newly born neurons integrated into olfactory bulb circuits. *Front Neurosci*, **8**, 121

Sato, Y., Miyasaka, N., Yoshihara, Y. (2005) Mutually exclusive glomerular innervation by two distinct types of olfactory sensory neurons revealed in transgenic zebrafish. *J Neurosci*, **25**, 4889-4897

Schaal, B., Coureaud, G., Langlois, D., Ginies, C., Semon, E., Perrier, G. (2003) Chemical and behavioural characterization of the rabbit mammary pheromone. *Nature*, **424**, 68-72

Seminara, SB., Messager, S., Chatzidaki, EE., Thresher, RR., Acierno JS, Jr., Shagoury, JK., et al. (2003) The GPR54 gene as a regulator of puberty. *N Engl J Med*, **349**, 1614-1627

Serizawa, S., Miyamichi, K., Sakano, H (2004) One neuron-one receptor rule in the mouse olfactory system. *Trends Genet*, **20**, 648-653

Shinohara, K., Morofushi, M., Funabashi, T., Mitsushima, D., Kimura, F. (2000) Effects of 5alpha-androst-16-en-3alpha-ol on the pulsatile secretion of luteinizing hormone in human females. *Chem Senses*, **25**, 465-467

Shirokova, E., Raguse, JD., Meyerhof, W., Krautwurst, D. (2008) The human vomeronasal type-1 receptor family--detection of volatiles and cAMP signaling in HeLa/Olf cells. *FASEB J*, **22**, 1416-1425

Shpak, G., Zylbertal, A., Yarom, Y., Wagner, S. (2012) Calcium-activated sustained firing responses distinguish accessory from main olfactory bulb mitral cells. *J Neurosci*, **32**, 6251-6262

Singh, D., Bronstad, PM. (2001) Female body odour is a potential cue to ovulation. *Proc Biol Sci*, **268**, 797-801

Smith, TD., Dennis, JC., Bhatnagar, KP., Garrett, EC., Bonar, CJ., Morrison, EE. (2011) Olfactory marker protein expression in the vomeronasal neuroepithelium of tamarins (Saguinus spp). *Brain Res*, **1375**, 7-18

Smith, TD., Garrett, EC., Bhatnagar, KP., Bonar, CJ., Bruening, AE., Dennis, JC., et al. (2011) The vomeronasal organ of New World monkeys (platyrrhini). *Anat Rec (Hoboken)*, **294**, 2158-2178

Sokolowski, K., Corbin, JG (2012) Wired for behaviors: from development to function of innate limbic system circuitry. *Front Mol Neurosci*, **5**, 55

Spehr, M., Kelliher, KR., Li, XH., Boehm, T., Leinders-Zufall, T., Zufall, F. (2006) Essential role of the main olfactory system in social recognition of major histocompatibility complex peptide ligands. *J Neurosci*, **26**, 1961-1970

Stensaas, LJ., Lavker, RM., Monti-Bloch, L., Grosser, BI., Berliner, DL. (1991) Ultrastructure of the human vomeronasal organ. *J Steroid Biochem Mol Biol*, **39**, 553-560

Stern, K., McClintock, MK. (1998) Regulation of ovulation by human pheromones. *Nature*, **392**, 177-179

Stowers, L., Holy, TE., Meister, M., Dulac, C., Koentges, G. (2002) Loss of sex discrimination and male-male aggression in mice deficient for TRP2. *Science*, **295**, 1493-1500

Sturm, T., Leinders-Zufall, T., Macek, B., Walzer, M., Jung, S., Pommerl, B., et al. (2013) Mouse urinary peptides provide a molecular basis for genotype discrimination by nasal sensory neurons. *Nat Commun*, **4**, 1616

Swanson, LW., Petrovich GD (1998) What is the amygdala? *Trends Neurosci*, **21**, 323-331

Tachikawa, KS., Yoshihara, Y., Kuroda, KO. (2013) Behavioral transition from attack to parenting in male mice: a crucial role of the vomeronasal system. *J Neurosci*, **33**, 5120-5126

Takahashi, LK. (2014) Olfactory systems and neural circuits that modulate predator odor fear. *Front Behav Neurosci*, **8**, 72

Takigami, S., Mori, Y., Tanioka, Y., Ichikawa, M. (2004) Morphological evidence for two types of Mammalian vomeronasal system. *Chem Senses*, **29**, 301-310

Tirindelli, R., Dibattista, M., Pifferi, S., Menini, A. (2009) From pheromones to behavior. *Physiol Rev*, **89**, 921-956

Toyoda, F., Kikuyama, S. (2000) Hormonal influence on the olfactory response to a female-attracting pheromone, sodefrin, in the newt, Cynops pyrrhogaster. *Comp Biochem*

Physiol B Biochem Mol Biol, **126**, 239-245

Trotier, D., Doving, KB. (1998) Anatomical description of a new organ in the nose of domesticated animals by Ludvig Jacobson (1813). *Chem Senses*, **23**, 743-754

Tsuneoka, Y., Maruyama, T., Yoshida, S., Nishimori, K., Kato, T., Numan, M., et al. (2013) Functional, anatomical, and neurochemical differentiation of medial preoptic area subregions in relation to maternal behavior in the mouse. *J Comp Neurol*, **521**, 1633-1663

Wakabayashi, Y., Ichikawa, M. (2008) Localization of G protein alpha subunits and morphology of receptor neurons in olfactory and vomeronasal epithelia in Reeve's turtle, Geoclemys reevesii. *Zoolog Sci*, **25**, 178-187

Wakabayashi, Y., Mori, Y., Ichikawa, M., Yazaki, K., Hagino-Yamagishi, K. (2002) A putative pheromone receptor gene is expressed in two distinct olfactory organs in goats. *Chem Senses*, **27**, 207-213

Wang, Z., Pascual-Anaya, J., Zadissa, A., Li, W., Niimura, Y., Huang, Z., et al. (2013) The draft genomes of soft-shell turtle and green sea turtle yield insights into the development and evolution of the turtle-specific body plan. *Nat Genet*, **45**, 701-706

Warren, WC., Hillier, LW., Marshall Graves, JA., Birney, E., Ponting, CP., Grutzner, F., et al. (2008) Genome analysis of the platypus reveals unique signatures of evolution. *Nature*, **453**, 175-183

Watt, TD. (2003) *Pheromones and Animal Behaviour*. Cambridge.

Wedekind, C., Seebeck, T., Bettens, F., Paepke, AJ. (1995) MHC-dependent mate preferences in humans. *Proc Biol Sci*, **260**, 245-249

Winans, SS., Powers, JB. (1977) Olfactory and vomeronasal deafferentation of male hamsters: histological and behavioral analyses. *Brain Res*, **126**, 325-344

Witt, M., Wozniak, W. (2006) Structure and function of vomeronasal organ. In: Taste and smell. An update (eds, Hummel T, Welge-Lussen A) Karger, 70-83.

Wu, MV., Manoli, DS., Fraser, EJ., Coats, JK., Tollkuhn, J., Honda, S., et al. (2009) Estrogen masculinizes neural pathways and sex-specific behaviors. *Cell*, **139**, 61-72

Wu, Z., Autry, AE., Bergan, JF., Watabe-Uchida, M., Dulac, CG. (2014) Galanin neurons in the medial preoptic area govern parental behaviour. *Nature*, **509**, 325-330

Xu, F., Schaefer, M., Kida, I., Schafer, J., Liu, N., Rothman, DL., et al. (2005) Simultaneous activation of mouse main and accessory olfactory bulbs by odors or pheromones. *J Comp Neurol*, **489**, 491-500

Yokosuka, M. (2012) Histological properties of the glomerular layer in the mouse accessory olfactory bulb. *Exp Anim*, **61**, 13-24

Yokosuka, M., Hagiwara, A., Saito, TR., Tsukahara, N., Aoyama, M., Wakabayashi, Y., et al. (2009) Histological properties of the nasal cavity and olfactory bulb of the Japanese jungle crow Corvus macrorhynchos. *Chem Senses*, **34**, 581-593

Yonekura, J., Yokoi, M. (2008) Conditional genetic labeling of mitral cells of the mouse accessory olfactory bulb to visualize the organization of their apical dendritic tufts. *Mol Cell Neurosci*, **37**, 708-718

Yoon, H., Enquist, LW., Dulac, C. (2005) Olfactory inputs to hypothalamic neurons controlling reproduction and fertility. *Cell*, **123**, 669-682

Young, JM., Massa, HF., Hsu, L., Trask, BJ. (2010) Extreme variability among mammalian V1R gene families. *Genome Res*, **20**, 10-18

Young, LJ., Wang, Z. (2004) The neurobiology of pair bonding. *Nat Neurosci*, **7**, 1048-1054.

Yu, L., Jin, W., Wang, JX., Zhang, X., Chen, MM., Zhu, ZH., et al. (2010) Characterization of TRPC2, an essential genetic component of VNS chemoreception, provides insights into the evolution of pheromonal olfaction in secondary-adapted marine mammals. *Mol Biol Evol*, **27**, 1467-1477

Wang, G., Shi, P., Zhu, Z., Zhang, YP. (2010) More functional V1R genes occur in nest-living and nocturnal terricolous mammals. *Genome Biol Evol*, **2**, 277-283

Waton, C., Paxinos, G. (2010) *Chemoarchitectonic atlas of the mouse brain*. Academic Press

Zhai, S., Ark, ED., Parra-Bueno, P., Yasuda, R. (2013) Long-distance integration of nuclear ERK signaling triggered by activation of a few dendritic spines. *Science*, **342**, 1107-1111.

Zhang, F., Wang, LP., Boyden, ES., Deisseroth, K. (2006) Channelrhodopsin-2 and optical control of excitable cells. *Nat Methods*, **3**, 785-792

Zhang, J., Webb, DM. (2003) Evolutionary deterioration of the vomeronasal pheromone transduction pathway in catarrhine primates. *Proc Natl Acad Sci U S A*, **100**, 8337-8341

Zufall, F., Munger, SD. (2010) Receptor guanylyl cyclases in mammalian olfactory function. *Mol Cell Biochem*, **334**, 191-197

索　引

【数字】

1型鋤鼻受容体（V1R）　65
1ニューロン1レセプター説　64
2型鋤鼻受容体（V2R）　65
2-heptanone　85, 136
2-methylbut-2-enal　85, 144
4-ethyloctanal　146
5基本味　10
7回膜貫通型のGタンパク質共役型受容体（GPCR）　62

【欧文】

calreticulin　140
c-fos　142
CNGA2　86
Creリコンビナーゼ　155
DAPI　72
ESP1　88
ESP22　88
Gタンパク質αサブユニット　70
Gタンパク質共役型受容体　8
GABA　73
galanin　162
GCaMP　137
GCO　144
GnRH　47
GnRHニューロン　155, 169
GnRHパルスジェネレーター　146
Kallmann症候群　169
kisspeptin　147, 158
(methylthio) methanethiol　86
MHC　24, 25, 98
MT細胞　76
MUA volley　146
MUP　43
Nissl染色　72
primary dendrite　72
secondary dendrite　73
TMT　89
TRPC2　68, 132, 148
V1Rb2　135

【和文】

あ

アイアイ　130
アカハライモリ　121
アクチンフィラメント　63
アデニル酸シクラーゼ　68
アデノ随伴ウイルス（AAV）　162
アナウサギ　144
アフリカツメガエル　119
アポクリン汗　30
アミノ酸　119
アレロケミカル　91
アロモン　91
アンチモン　91
アンドロステノール　96
アンドロステノン　32, 40, 94, 96
安寧フェロモン　45
イオンチャネル型受容体　8
一夫一婦制　16
遺伝子重複　129
意味記憶　83
ウミガメ　124

索 引

エクリン　31
エストラジオール　33
エピソード記憶　83
黄体形成ホルモン（LH）　33，146
黄体ホルモン　40
オーファン受容体　67
オキシトシン　17，18，30，83
雄効果　47
雄効果フェロモン　145
オポッサム　129
オワンクラゲ　137

か

ガーターヘビ　124
介在ニューロン　72，73
外側嗅内皮質　80
海馬　81
海馬歯状回　79
外鼻孔　56
外網状層　72
カイロモン　89
化学感覚　4
芽球　74
核内受容体　8
ガスクロマトグラフィー　145
カメ類　124
カモノハシ　129
顆粒細胞　73
顆粒細胞下帯　79
顆粒細胞層　73
加齢臭　99
眼窩外涙腺分泌ペプチド（ESP）　88，142
感覚受容細胞　58
感覚のトレードオフ　82
眼窩前頭皮質　81
偽遺伝子　66
器官培養　137
基質　144
寄宿舎効果　28，96
絆形成　16
基底細胞　58
揮発性　85
逆行性ラベル　151
求愛行動　14
吸引行動　85

嗅覚　5
嗅覚受容体　58，62，119
嗅球　5，69
嗅結節　80
弓状核　158
嗅上皮　58
嗅神経層　70
旧世界ザル　132
嗅ニューロン　6，58
嗅粘膜　5，57
嗅板　119，169
嗅皮質　80
狂犬病ウイルス　155
共焦点顕微鏡　113
共培養　138
グアノシン 2 リン酸（GDP）　67
グアノシン 3 リン酸（GTP）　67
クーリッジ効果　22，23
クサガメ　124
鯨偶蹄目　115
グリア　6
グリナベルグ神経節　57
グルタミン酸　73
経シナプス性トレーサー　155
系統発生学　117
警報フェロモン　43
月経周期　28，33
齧歯類　88，130
原猿類　88
原始真獣類　129
原獣哺乳類　129
口腔　123
攻撃フェロモン　42
酵素連結型受容体　8
後鼻孔　119
興奮性シナプス　111
後膜肥厚　111
後梨状皮質　80
コーンスネーク　124
五感　1
呼吸粘膜　57
コプリン　98

さ

サイクリック AMP　68

索引

最初期遺伝子　142
細胞外ドメイン　67
細胞内受容体　8
細胞内情報伝達（セカンドメッセンジャー）
　　67
細胞内ドメイン　67
細胞表面受容体　8
ジアシルグリセロール　69
糸球体　70
糸球体層　70
軸索　6
軸索終末　7，73
自己抑制　74
支持細胞　58
視床　84
視床下部　5，81，103，159
視床下部内側視索前野　81
視床下部腹内側核　81，164
シナプス　6，70
シナプス間隙　74
シナプス後膜肥厚　74，112
シナプス小胞　74
シノモン　91
ジフテリアトキシン　162
社会順位制　21，22
獣脚類　123
主嗅覚系　5
主嗅球　69
主憩室　120
樹状突起　6，73
樹状突起間相反性シナプス　73，78
樹状突起スパイン　7，73，74，112
シュナミティズム　27
主鼻腔　121
主要組織適合遺伝子複合体　24，25
受容体型グアニル酸シクラーゼD　58
主要尿タンパク質　43
順行性ラベル　151
条鰭類　118，119
鋤鼻器　57，60，101，109
鋤鼻系　5
鋤鼻原基　119
鋤鼻研究会　117
鋤鼻受容体　60，65，119
鋤鼻受容体遺伝子　135

鋤鼻上皮　60
鋤鼻ニューロン　60，117
鋤鼻ポンプ　153
真猿類　130
神経回路　6
神経科学　4
神経核　159
真獣類　129
新世界ザル　132
ステロイド　51，88
ステロイドホルモン　40，94，96
性周期　45
生殖腺刺激ホルモン放出ホルモン（GnRH）
　　47，146
性同一性障害　154
性フェロモン　39
前嗅核　80
前頭前皮質　12，169
前頭葉　81
前腹側室周囲核　158
繊毛　58，125
繊毛―微絨毛共存感覚受容ニューロン　125
前梨状皮質　80
ゾウガメ　124
相反性シナプス　73，111，112
僧帽細胞　72
僧帽細胞層　72
僧帽房飾細胞　76
側脳室下帯　79
側方抑制　74
ソデフリン　49，121

━━━━━━━ た ━━━━━━━

大脳辺縁系　80
多重遺伝子ファミリー　88
脱落症状解析　148
単一細胞cDNAライブラリー　65
単弓類　125
単孔類　129
地中進化説　124
チャネルロドプシン　162
中憩室　120
鳥類　123，125
低分子有機化合物　87
電子顕微鏡　125

索 引

投射ニューロン 72
ドーパミン 83
トリメチルチアゾリン 89

な

内側視索前野 155, 158, 162
内側扁桃体 80, 81, 151
内側扁桃体尾側部 153
内鼻腔 119
内鼻孔 56
内網状層 73
なわばり（縄張り）行動 20, 149
軟骨魚類 118
肉鰭類 118, 119
肉食恐竜 123
ニューロン 6
ニューロン新生 78
ニューロントレーサー 151
ネズミキツネザル 130
脳室 79
ノックインマウス 135
ノルアドレナリン 111
ノルアドレナリン線維 111

は

肺魚 119
肺呼吸 119
バソプレシン 17
発情ホルモン 33
ハナカマキリ 91
ハリモグラ 129
ハロロドプシン 162
ヒキガエル 119
鼻腔 123
鼻甲介 57
鼻口蓋 119
皮質下構造 81
微絨毛 60, 101, 125
微小管 63
鼻中隔 56
ピット器官 123
微量アミノ酸受容体 58
ファーブル 13
風味障害 26
不揮発性物質 87

副嗅球 5, 66, 69, 75, 102
副嗅球顆粒細胞 114
父性行動 19
プテナント 37, 38
プライマー（primer）フェロモン 38, 45, 145
フリッキング 123
ブルース効果 46, 110
フレーメン 39
プロジェステロン 40
分界条床核 81, 153
分岐分類学 116, 119
分子系統学 116
分子シャペロン 140
吻側移動経路 79
分断遺伝子 130
ペプチドフェロモン 49
扁桃体 81, 102, 103
扁桃体後内側部 81
扁桃体内側部 5
傍糸球体細胞 72
房飾細胞 72
ボウマン腺 58
ホスホリパーゼC 67
母性行動 18, 30
母性フェロモン 44
ボメロフェリン 93
ホルミルペプチド受容体 58
ボンビコール 37

ま

マーキング 20
膜貫通ドメイン 67
マセラ器 57
無顎類 118
免疫電子顕微鏡法 125
モノアミン 83

や

ヤコブソン 109
ヤコブソンの器官 109
誘因行動 86
有袋類 88, 129
有羊膜類 127
有鱗目 123

ら

リガンド　8
梨状皮質　81
梨状葉　80
竜弓類　127
両生類　88
緑色蛍光タンパク質（GFP）　135
リリーサー（releaser）フェロモン　38

類人猿　132
霊長類　130
連合学習　111
ロードシス　88, 143
ロドプシン　139

わ

ワニ目　123

[著者紹介]

市川 眞澄（いちかわ　ますみ）
1950年　長野県生まれ
1978年　東京大学大学院理学系研究科動物学専攻修了
現　在　東京都医学総合研究所・基盤技術研究センター・研究技術開発室 室長・副参事研究員
　　　　理学博士
専　門　神経形態学・神経生物学
主　著　『フェロモンセンサー 鋤鼻器』フレグランスジャーナル社(2008)
　　　　『なぜあの上司は虫が好かないか』小学館 (2008)
　　　　『匂いと香りの科学』(編著) 朝倉書店 (2007)
　　　　『フェロモン受容にかかわる神経系』(編著) 森北出版 (2007)

守屋 敬子（もりや　けいこ）
お茶の水女子大学大学院人間文化研究科博士課程修了
現　在　東京都医学総合研究所 研究員 博士(理学)
専　門　神経生物学

ブレインサイエンス・レクチャー 1
Brain Science Lecture 1

匂いコミュニケーション
フェロモン受容の神経科学
Neuroscience of olfactory communication

2015年3月30日　初版1刷発行

著　者　市川眞澄・守屋敬子　Ⓒ 2015
発行者　南條光章
発行所　**共立出版株式会社**
　　　　〒112-0006
　　　　東京都文京区小日向4丁目6番19号
　　　　電話　(03) 3947-2511 (代表)
　　　　振替口座　00110-2-57035
　　　　URL http://www.kyoritsu-pub.co.jp/

印　刷
製　本　錦明印刷

検印廃止
NDC 491.376, 493.7, 141.23
ISBN 978-4-320-05791-3

一般社団法人
自然科学書協会
会員

Printed in Japan

JCOPY <(社)出版者著作権管理機構委託出版物>
本書の無断複写は著作権法上での例外を除き禁じられています．複写される場合は，そのつど事前に，(社)出版者著作権管理機構（電話 03-3513-6969, FAX 03-3513-6979, e-mail: info@jcopy.or.jp) の許諾を得てください．